北京工业大学研究生创新教育系列教材

一般拓扑学讲义

彭良雪　编著

科学出版社
北京

内 容 简 介

本书从拓扑学最基本的概念及构造拓扑的方法开始,通过最基本的例子,逐步介绍一般拓扑学的基本概念与基本理论.主要内容包括:集论初步知识、构造拓扑方法、几种可数性的关系、连续映射性质、紧性质、连通性质、分离性质、紧化与度量化定理等.

本书是拓扑学入门的书籍,可作为数学专业的本科生、研究生的拓扑学教材,也可供相关专业的教师和科研人员参考.

图书在版编目(CIP)数据

一般拓扑学讲义/彭良雪编著. —北京:科学出版社,2011
ISBN 978-7-03-030087-4

Ⅰ. ①一… Ⅱ. ①彭… Ⅲ. ①拓扑-基本知识 Ⅳ. ①O189

中国版本图书馆 CIP 数据核字(2011) 第 012494 号

责任编辑:赵彦超 汪 操／责任校对:陈玉凤
责任印制:吴兆东／封面设计:陈 敬

科 学 出 版 社 出版
北京东黄城根北街 16 号
邮政编码:100717
http://www.sciencep.com

北京凌奇印刷有限责任公司印刷
科学出版社发行 各地新华书店经销
*
2011 年 2 月第 一 版　开本:B5 (720×1000)
2023 年 6 月第六次印刷　印张:9
　　　　　　　　　字数:166000
定价:49.00 元
(如有印装质量问题,我社负责调换)

前　　言

拓扑学的发展非常迅速，在数学各分支的应用也越来越广泛，因此许多高校都把拓扑学，特别是把一般拓扑学作为基础数学专业研究生的学位必修课. 另外，许多高校数学系为本科生也开设了拓扑学选修课程. 编写本书的目的，就是为了更好地方便初学者及讲授该门课程的教师.

本书的编写参照了参考文献中的相关文献. 作者精选了一些内容，详细地论述了各空间类的关系与性质，并根据自己多年的教学经验，给出了易于学生接受的定理证明. 特别地在第 2 章构造拓扑的方法中对几种可数性质展开讨论，这样会让学生进一步熟悉构造拓扑的方法及所构造拓扑空间的性质.

本书是一般拓扑学的入门教材，适合于本科生、研究生及拓扑学爱好者使用. 对于本科生，通过前五章的学习，可以对数学分析中的实数连续性理论、闭区间上连续函数的最大 (最小) 值性质及介值性质等理论有个全新的认识；对于拓扑学方向的研究生，可用 80~90 个左右的学时学完本书；对于非拓扑学方向的研究生，可用 50~60 个学时选学完前六章. 通过对本书的学习，可以为进一步学习更深入的拓扑学知识打下基础.

本书是作者在多年教学经验的基础上写成的. 作者通过教学发现，很多初学者，特别是本科生，学习拓扑学都有一定的困难，他们希望有一本更适合初学者学习的书 —— 证明详尽、例子充分的拓扑学入门书籍. 基于此目的，作者编写了本书，希望能对初学者有所帮助.

一般拓扑学的内容是丰富多彩的，本书只选编了适合初学者学习的最基本内容. 读者若想学习更深入的一般拓扑学知识，可参阅文献 [2], [4], [6] 与 [8].

感谢北京工业大学研究生课程建设项目的资助，在该项目的支持下，本书才能与读者见面.

由于本人学识所限，书中疏漏乃至错误在所难免，敬请读者批评指正.

彭良雪

2010 年 7 月 1 日于北京

目　　录

前言
第 1 章　预备知识 ⋯⋯⋯⋯⋯⋯⋯⋯⋯⋯⋯⋯⋯⋯⋯⋯⋯⋯⋯⋯⋯ 1
　1.1　集合的表示 ⋯⋯⋯⋯⋯⋯⋯⋯⋯⋯⋯⋯⋯⋯⋯⋯⋯⋯⋯⋯ 1
　1.2　集合的运算 ⋯⋯⋯⋯⋯⋯⋯⋯⋯⋯⋯⋯⋯⋯⋯⋯⋯⋯⋯⋯ 1
　1.3　映射 ⋯⋯⋯⋯⋯⋯⋯⋯⋯⋯⋯⋯⋯⋯⋯⋯⋯⋯⋯⋯⋯⋯⋯ 2
　1.4　序 ⋯⋯⋯⋯⋯⋯⋯⋯⋯⋯⋯⋯⋯⋯⋯⋯⋯⋯⋯⋯⋯⋯⋯⋯ 4
　1.5　集合的势 ⋯⋯⋯⋯⋯⋯⋯⋯⋯⋯⋯⋯⋯⋯⋯⋯⋯⋯⋯⋯⋯ 6
　1.6　超限归纳法 ⋯⋯⋯⋯⋯⋯⋯⋯⋯⋯⋯⋯⋯⋯⋯⋯⋯⋯⋯⋯ 11
　练习 ⋯⋯⋯⋯⋯⋯⋯⋯⋯⋯⋯⋯⋯⋯⋯⋯⋯⋯⋯⋯⋯⋯⋯⋯⋯ 11
第 2 章　拓扑空间的基本知识 ⋯⋯⋯⋯⋯⋯⋯⋯⋯⋯⋯⋯⋯⋯⋯ 13
　2.1　开集 ⋯⋯⋯⋯⋯⋯⋯⋯⋯⋯⋯⋯⋯⋯⋯⋯⋯⋯⋯⋯⋯⋯⋯ 14
　2.2　闭集 ⋯⋯⋯⋯⋯⋯⋯⋯⋯⋯⋯⋯⋯⋯⋯⋯⋯⋯⋯⋯⋯⋯⋯ 15
　2.3　基 ⋯⋯⋯⋯⋯⋯⋯⋯⋯⋯⋯⋯⋯⋯⋯⋯⋯⋯⋯⋯⋯⋯⋯⋯ 15
　2.4　邻域 ⋯⋯⋯⋯⋯⋯⋯⋯⋯⋯⋯⋯⋯⋯⋯⋯⋯⋯⋯⋯⋯⋯⋯ 17
　2.5　闭包、聚点与边缘 ⋯⋯⋯⋯⋯⋯⋯⋯⋯⋯⋯⋯⋯⋯⋯⋯⋯ 20
　2.6　内部 ⋯⋯⋯⋯⋯⋯⋯⋯⋯⋯⋯⋯⋯⋯⋯⋯⋯⋯⋯⋯⋯⋯⋯ 25
　2.7　生成拓扑的方法 ⋯⋯⋯⋯⋯⋯⋯⋯⋯⋯⋯⋯⋯⋯⋯⋯⋯⋯ 27
　　　2.7.1　构造拓扑的基 ⋯⋯⋯⋯⋯⋯⋯⋯⋯⋯⋯⋯⋯⋯⋯⋯ 27
　　　2.7.2　构造所需拓扑的开邻域基 ⋯⋯⋯⋯⋯⋯⋯⋯⋯⋯⋯ 28
　　　2.7.3　子空间拓扑 ⋯⋯⋯⋯⋯⋯⋯⋯⋯⋯⋯⋯⋯⋯⋯⋯⋯ 30
　　　2.7.4　子基生成的拓扑 ⋯⋯⋯⋯⋯⋯⋯⋯⋯⋯⋯⋯⋯⋯⋯ 31
　　　2.7.5　积空间 ⋯⋯⋯⋯⋯⋯⋯⋯⋯⋯⋯⋯⋯⋯⋯⋯⋯⋯⋯ 32
　2.8　几种可数性间的相互关系 ⋯⋯⋯⋯⋯⋯⋯⋯⋯⋯⋯⋯⋯⋯ 36
　练习 ⋯⋯⋯⋯⋯⋯⋯⋯⋯⋯⋯⋯⋯⋯⋯⋯⋯⋯⋯⋯⋯⋯⋯⋯⋯ 37
第 3 章　连续映射 ⋯⋯⋯⋯⋯⋯⋯⋯⋯⋯⋯⋯⋯⋯⋯⋯⋯⋯⋯⋯ 39
　3.1　几种等价命题 ⋯⋯⋯⋯⋯⋯⋯⋯⋯⋯⋯⋯⋯⋯⋯⋯⋯⋯⋯ 39
　3.2　连续映射保持的一些特殊性质 ⋯⋯⋯⋯⋯⋯⋯⋯⋯⋯⋯⋯ 41

- 3.3 开映射、闭映射及商映射 ································· 44
- 3.4 同胚映射 ································· 48
- 练习 ································· 50

第 4 章 连通空间与道路连通空间 ································· 52
- 4.1 连通空间与连通集的基本性质 ································· 52
- 4.2 实数直线上的连通集 ································· 54
- 4.3 连通空间的积空间及连通性质的应用 ································· 55
- 4.4 道路连通空间 ································· 58
- 练习 ································· 61

第 5 章 紧空间 ································· 62
- 5.1 紧空间与紧集的等价命题及性质 ································· 62
- 5.2 R 中的紧集 ································· 63
- 5.3 R^n 中的紧集 ································· 65
- 5.4 紧空间的无限积空间 ································· 68
- 5.5 完备映射 ································· 69
- 5.6 第一纲集与第二纲集 ································· 71
- 练习 ································· 72

第 6 章 分离性 ································· 74
- 6.1 T_0, T_1, T_2 及正则空间 ································· 74
- 6.2 正规空间 ································· 77
- 6.3 遗传正规空间 ································· 81
- 6.4 Urysohn 引理与 Tietze 扩张定理及应用 ································· 82
  - 6.4.1 Urysohn 引理与完全正规空间 ································· 82
  - 6.4.2 Urysohn 引理在势方面的应用 ································· 86
  - 6.4.3 Tietze 扩张定理 ································· 86
- 6.5 关于完全正则空间 ································· 89
- 6.6 与分离性有关的几个结论 ································· 90
- 练习 ································· 92

第 7 章 紧性的推广与紧化 ································· 93
- 7.1 局部紧空间 ································· 93
- 7.2 仿紧空间 ································· 94
- 7.3 可数紧空间 ································· 97

7.4 紧化 ··· 100
    7.4.1 单点紧化 ··· 100
    7.4.2 Stone-Čech 紧化及紧化的某些应用 ··· 101
7.5 伪紧空间 ·· 111
练习 ·· 114

第 8 章 度量空间 ·· 116
8.1 基本性质 ·· 116
8.2 度量空间的可数积性质 ·· 119
8.3 度量空间的覆盖性质 ··· 121
8.4 度量化定理 ··· 123
8.5 度量空间中的几种可数性质及应用 ··· 125
练习 ·· 131

参考文献 ·· 132
索引 ·· 133

第1章 预备知识

一般拓扑学主要讲述拓扑空间的内部结构及拓扑空间相互间的关系. 由于拓扑结构是在集合上建立的, 因此有必要讨论一下集合的基本知识.

在学习一门课程的时候, 往往要给出最基本定义, 那什么是集合呢? 以前往往这样定义: 集合就是具有特定性质的事物的全体, 如用符号表示应是: 集合 $A = \{x : x$ 具有性质 $\mathcal{P}\}$. 其实如上定义将会导致矛盾的出现. 例如, 令 $X = \{x : x$ 是集合 $\}$, $A = \{x : x \in X, x \notin x\}$ (其中 $\notin$ 为不属于符号, $\in$ 为属于符号), 则 A 是集合, 这样 $A \in X$. 如果 $A \in A$, 则 $A \notin A$; 如果 $A \notin A$, 则 $A \in A$, 这是相互矛盾的, 因此说 "集合就是具有特定性质的事物的全体" 这句话是有问题的. 这就是著名的 Rusell 悖论. 为了避免上面所出现的矛盾, 人们给出了有关集合的一些公理, 可参阅文献 [5].

只需对集合有个初步的了解, 即只需知道所用到的集合是有意义的, 一些详细的知识可参阅文献 [5]. 下面来看集合的表示与运算.

1.1 集合的表示

一般用大写字母表示集合, 如集合 A, B, C 等, 用小写字母表示集合中的元素, 如 $A = \{a, b, c\}$, 则称 a 是集合 A 的元素, 用 $a \in A$ 表示 a 是集合 A 的元素, 若 d 不是 A 的元素, 用 $d \notin A$ 表示. 用 R 表示实数集, 即 $R = \{x : x$ 是实数$\}$. 令 $Q = \{x : x$ 是有理数$\}$, $N = \{n : n$ 是正整数$\}$, $Z = \{n : n$ 是整数$\}$, 以后将用 R, Q, N 和 Z 来分别表示实数集、有理数集、自然数集和整数集. 用 $\varnothing$ 表示空集, 即不含任何元素的集合. 如果集合 A 中的每一元素都是集合 B 中的元素, 则称集合 A 是集合 B 的子集, 记为 $A \subset B$, 如果 $A \subset B$ 不成立, 记为 $A \not\subset B$. 有时集合也简称为集. 如果 $A \subset B$ 同时 $B \subset A$, 则 $A = B$; 如果 $A \subset B$ 与 $B \subset A$ 不同时成立, 则称 $A \neq B$.

1.2 集合的运算

定义集合的并、交、差运算:

$$A \bigcup B = \{x : x \in A \text{ 或 } x \in B\};$$

$$A \bigcap B = \{x : x \in A \text{ 且 } x \in B\};$$

$$A \setminus B = \{x : x \in A \text{ 但 } x \notin B\}.$$

常用 $\mathcal{U}$ 来表示一集族, 即 $\mathcal{U}$ 中的每一元素也是集合, 例如, $\mathcal{U} = \{\{a\}, \{b\}, \{c\}\}$. 定义集族 $\mathcal{U}$ 的交与并分别为: $\bigcap \mathcal{U} = \{x : \text{对每一 } A \in \mathcal{U}, x \in A\}$, $\bigcup \mathcal{U} = \{x : \text{存在 } A \in \mathcal{U}, \text{使得 } x \in A\}$. 例如, 若 $\mathcal{U} = \{\{a\}, \{a, c\}\}$, 则 $\bigcap \mathcal{U} = \{a\}$, $\bigcup \mathcal{U} = \{a, c\}$.

关于集合与集族, 有下面的运算:

$$A \setminus (B \bigcup C) = (A \setminus B) \bigcap (A \setminus C);$$

$$A \setminus (B \bigcap C) = (A \setminus B) \bigcup (A \setminus C);$$

$$A \setminus \bigcup \mathcal{U} = \bigcap \{A \setminus U : U \in \mathcal{U}\};$$

$$A \setminus \bigcap \mathcal{U} = \bigcup \{A \setminus U : U \in \mathcal{U}\}.$$

1.3 映 射

定义 1.1 设 A 与 B 是两个集合, 集合 $\{(a, b) : a \in A, b \in B\}$ 称为集合 A 与集合 B 的笛卡儿积, 记为 $A \times B$, 读作 "A 叉乘 B" 或 "A 与 B 的积", 其中 (a, b) 为一有序偶, 称 a 为 (a, b) 的第一个坐标, b 为 (a, b) 的第二个坐标. 称 A 为 $A \times B$ 的第一坐标集, B 为 $A \times B$ 的第二坐标集. 把 $A \times B$ 称为 A 与 B 的积集, 简称为积.

定义 1.2 设 X 与 Y 是两集合, 如果 F 是 $X \times Y$ 的一个子集, 即 $F \subset X \times Y$, 则称 F 是从 X 到 Y 的关系, 如果 $(x, y) \in F$, 则称 xFy.

定义 1.3 若 F 是从 A 到 B 的关系, 且对每一 $a \in A$, 都存在唯一的 $b \in B$, 使得 aFb, 则称 F 是从 A 到 B 的映射.

一般用 f 来表示一映射, 即 $f : A \to B$, 称 A 是映射 f 的定义域, B 是 f 的值域. 值域为实数直线或实数直线子集的映射称为函数. 因此 $f(A) = \{b \in B : \text{存在 } a \in A, \text{使得 } f(a) = b\}$, 于是 $f(A) \subset B$, 称 $f(A)$ 为 A 在 f 下的像. 如果 $f(A) = B$, 则称 f 是满映射, 简称为满射. 对于任意 $a \in A, b \in A$, 若 $a \neq b$, 有 $f(a) \neq f(b)$, 则称 f 是单映射, 简称为单射. 如果 f 既是单映射又是满映射, 则称 f 是一一映射, 或称为双映射. 对于 $C \subset B$, 令 $f^{-1}(C) = \{a : a \in A \text{ 且 } f(a) \in C\}$.

1.3 映射

若 $f: X \to Y$ 是一个映射, 则 f 的一些基本性质如下:

(1) $f(X) \subset Y$;

(2) $f(A \bigcap B) \subset f(A) \bigcap f(B)$;

(3) $f(A \bigcup B) = f(A) \bigcup f(B)$;

(4) $f^{-1}(A \bigcap B) = f^{-1}(A) \bigcap f^{-1}(B)$;

(5) $f^{-1}(A \bigcup B) = f^{-1}(A) \bigcup f^{-1}(B)$; $f^{-1}(\bigcup \mathcal{U}) = \bigcup \{f^{-1}(U) : U \in \mathcal{U}\}$;

$f^{-1}(\bigcap \mathcal{U}) = \bigcap \{f^{-1}(U) : U \in \mathcal{U}\}$;

(6) $f^{-1}(C \setminus D) = f^{-1}(C) \setminus f^{-1}(D)$, 其中 $C, D \subset Y$.

如果 $f: X \to Y$ 是一个映射, $g: Y \to Z$ 是一个映射, 则称 $g \circ f: X \to Z$ 是 f 与 g 的复合, 即 $(g \circ f)(x) = g(f(x)), x \in X$.

例 1.4 $X = \{1, 2, 3\}, Y = \{a, b\}$.

$f: X \to Y$ 满足: $f(1) = a$; $f(2) = a$; $f(3) = b$. 令 $A = \{1\}, B = \{2\}$, 则 $A \bigcap B = \varnothing$, 但 $f(A) \bigcap f(B) = \{a\} \neq \varnothing$. □

下面几点是值得注意的:

(1) 一个单映射不一定是满映射.

例 1.5 $f_1 : \{1, 2, 3\} \to \{4, 5, 6, 7\}$, 令 $f_1(1) = 4, f_1(2) = 5, f_1(3) = 6$, 则 f_1 是单映射, 但不是满映射.

(2) 一个满映射不一定是单映射.

例 1.6 $f_2 : \{1, 2, 3\} \to \{a, b\}$, 令 $f_2(1) = a, f_2(2) = a, f_2(3) = b$, 则 f_2 是满映射, 但不是单映射.

(3) 如果 $f : X \to Y$ 是一映射, $A \subset X$, 则 $A \subset f^{-1}(f(A))$, 但不一定有 $A = f^{-1}(f(A))$. 若上述 f 是单映射且 $A \subset X$, 则 $A = f^{-1}(f(A))$.

例如例 1.6 中的映射 f_2, 若 $A = \{1\}$, 则 $f_2^{-1}(f_2(A)) = \{1, 2\} \neq A$. 应说明的一点是若 f 是单映射, 则一定有 $A = f^{-1}(f(A))$, 其中 $A \subset X$.

(4) 如果 $f: X \to Y$ 是一映射, 对任一 $B \subset Y$, 有 $f(f^{-1}(B)) \subset B$, 但不一定有 $B = f(f^{-1}(B))$. 若上述 f 是满映射且 $B \subset Y$, 则 $B = f(f^{-1}(B))$.

对于例 1.5 中的映射 f_1，若令 $B = \{6,7\}$，则 $f_1^{-1}(B) = \{3\}$. 因此 $f_1(f_1^{-1}(B)) = f_1(\{3\}) = \{6\} \subset B$，但 $\{6\} \neq B$. 应说明的一点是若 f 是满映射，则一定有 $B = f(f^{-1}(B))$，其中 $B \subset Y$.

1.4 序

实数集 R 具有如下性质：

(1) 对于任意 $x \in R, y \in R$，若 $x \neq y$，则有 $x < y$ 或 $y < x$；
(2) 若 $x \in R, y \in R, z \in R$，且 $x < y, y < z$，则一定有 $x < z$ 成立.

把具有上述性质 (1) 与 (2) 的集合称为线性序集，下面是序的具体定义.

定义 1.7 在集合 A 上的一关系 F，如果满足如下条件，称之为序关系：

(1) 对任意 $x \in A, y \in A$，如果 $x \neq y$，则有 xFy 或 yFx 成立；
(2) 对任意 $x \in A$，xFx 都不成立；
(3) 如果 xFy, yFz，则有 xFz.

如果在集合 A 上有如上的序关系，则称 A 是一线性序集，称 F 为 A 上的线性序关系.

定义 1.8 如果 X 是一集合且 $<$ 是 X 上的线性序关系，且 $a < b$，用 (a,b) 表示集合 $\{x \in X : a < x < b\}$，一般称 (a,b) 为一区间. 如果 $(a,b) = \varnothing$，则称 b 是 a 的后继元.

定义 1.9 如果 A 与 B 是两集合，且分别有序关系 $<_A$ 与 $<_B$，若存在一双映射 $f : A \to B$，使得当 $a_1 <_A a_2$ 时有 $f(a_1) <_B f(a_2)$，则称 A 与 B 有相同的序型，称这样的 f 是序保持双映射.

例 1.10 实数直线 R 上的区间 $(-1,1)$ 与 R 有相同的序型.

令 $f : (-1,1) \to R$，满足 $f(x) = \dfrac{x}{1-x^2}$，则 f 是一序保持双映射.

定义 1.11 若 A 是一序集，$<$ 为 A 上的线性序关系，$A_0 \subset A$.

(1) 如果 $b \in A_0$，且对每一个 $x \in A_0$，若 $x \neq b$，都有 $x < b$，则称 b 是 A_0 的最大元，记为 $b = \max A_0$；

1.4 序

(2) 如果 $b \in A$ 且对任意 $x \in A_0$ 都有 $x < b$ 或 $x = b$, 则称 b 是 A_0 的上界;

(3) 如果 b 是 A_0 的上界, 且对 A_0 的每一上界 c, 若 $c \neq b$, 都有 $b < c$, 则称 b 是 A_0 的上确界, 记为 $b = \sup A_0$.

类似地有下界、最小元 (min) 及下确界 (inf) 的定义, 这里不再重复.

定义 1.12 若 A 是一线性序集, 且对 A 的任一非空子集 B 都存在最小元, 则称 A 是良序集.

定理 1.13 自然数集 N 是一良序集.

证明 按良序集的定义, 只需证 N 的每一非空子集 A 都存在最小元. 易知对任一 $n \in N$, $\{1, 2, \cdots, n\}$ 的任一非空子集存在最小元. 令 $A \subset N$, $A \neq \varnothing$, 取 $a \in A$, 则有 $n \in N$, 使得 $a \in \{1, 2, \cdots, n\}$. 因此 $A \bigcap \{1, 2, \cdots, n\} \neq \varnothing$, 且有 $A \bigcap \{1, 2, \cdots, n\} \subset \{1, 2, \cdots, n\}$, 这样 $A \bigcap \{1, 2, \cdots, n\}$ 的最小元即是 A 的最小元. □

注 整数集 Z 和实数集 R 都不是良序集, 但它们都是线性序集.

有了上述良序集的定义, 便有如下序数的概念.

定义 1.14 如果集合 A 的每个元素都是 A 的子集, 则称 A 是一传递集.

例如: $\{\varnothing, \{\varnothing\}, \{\{\varnothing\}\}\}$ 是一传递集.

定义 1.15 按 $\in$ 关系是良序的传递集合称为序数. 对于一序数 α, 如果存在序数 β, 使得 $\alpha = \beta \bigcup \{\beta\}$, 则称 α 是 β 的后继序数; 如果序数 α 不是后继序数且不等于 0, 则称 α 是极限序数; 如果 $\beta \in \alpha$, 则称 $\beta < \alpha$.

例如: 令 $1 = \{\varnothing\}$, $n + 1 = n \bigcup \{n\}$, $\omega = \{0, 1, \cdots, n, \cdots\}$.

定理 1.16 (良序化定理) 如果 A 是一集合, 则在 A 上存在一序关系, 使 A 是一良序集.

一般这样来用这个定理: 对于给定的集 A, 不妨设 $A = \{a_\alpha : \alpha \in \gamma\}$, 其中 γ 是一序数.

定义 1.17 A 是一集合, 如果 A 上的一关系 $\prec$ 满足下述条件, 则称 A 是一严格偏序集:

(1) 对 $a \in A$, $a \prec a$ 不成立;
(2) 如果 $a \prec b, b \prec c$, 则 $a \prec c$.

如果 $\prec$ 是 A 上的严格偏序关系, 且 $B \subset A$ 满足对 B 中的任意两不同元 a 与 b, 都有 $a \prec b$ 或 $b \prec a$ 成立, 则称 B 是 A 在关系 $\prec$ 下的线性序子集.

定理 1.18 如果 A 是一集, $\prec$ 是 A 上的严格偏序关系, 则在 A 中存在极大的线性序子集 B (即不存在线性序子集 C, $C \subset A, B \subset C, B \neq C$).

定义 1.19 如果 A 是一集合, $\prec$ 是 A 上的严格偏序关系, $B \subset A, c \in A$, 如果对任一 $b \in B$, 都有 $b \prec c$ 或 $b = c$, 则称 c 是 B 的上界. A 中的元 c 如果满足对任一 $a \in A, c \prec a$ 都不成立, 则称 c 是 A 的极大元.

引理 1.20 (Zorn 引理) A 是一严格偏序集, 如果 A 的每一线性序子集都有上界, 则 A 有极大元.

选择公理 1.21 A 是一集合, $\mathcal{B}$ 是由 A 的某些非空子集构成的集族, 则存在一映射 $f: \mathcal{B} \to \bigcup \{B : B \in \mathcal{B}\}$, 使得对每一 $B \in \mathcal{B}$, 都有 $f(B) \in B$.

注 如果已知良序化定理, 可以把集合 A 先良序化, 对 A 中的任一非空子集 B, 可令 $f(B)$ 为 B 中的最小元. 因此, 如果已知良序化定理, 可证明选择公理, 另一方面, 若已知选择公理, 也可证良序化定理.

1.5 集合的势

前面介绍了序数, 对于自然数 m 与 n, 若 $m \neq n$, 不可能找到 m 与 n 间的双映射, 但对于 $\omega + 1 = \{0, 1, \cdots, n, \cdots, \omega\}$, 可建立 ω 与 $\omega + 1$ 间的双映射, 例如: $f: \omega + 1 \to \omega$, 令 $f(\omega) = 0, f(n) = n + 1, n \in \omega$, 因此 f 是一双映射. 把 n 与 ω 这样的序数称为基数.

定义 1.22 如果一序数 α 不能与比它小的序数建立双映射, 则称 α 是一基数.

因此 n 与 ω 都是基数, 但 $\omega + 1$ 不是基数.

定义 1.23 集合 A 的势是能与集合 A 建立双映射的最小序数, 记为 $|A|$.

由定义可知, $|A|$ 是一基数.

1.5 集合的势

定义 1.24 对于集合 A 与 B,如果存在一双映射 $f: A \to B$,则称 $|A| = |B|$;如果存在一单映射 $f: A \to B$,则称 $|A| \leqslant |B|$.

易知,若 $|A| = |B|, |B| = |C|$,则 $|A| = |C|$.

例 1.25 若 $A = \{a,b,c\}$, $B = \{m,n,p,q\}$,则 $|A| = 3, |B| = 4$.

定理 1.26 存在从集合 A 到集合 B 的单映射等价于存在由集合 B 到集合 A 的满映射.

证明 "$\Rightarrow$" 令 $f: A \to B$ 是单映射,令 $g: B \to A$, 满足:如果 $b \in f(A)$,令 $g(b) = f^{-1}(b)$, 这里 $f^{-1}(b)$ 代表 A 中唯一的元,其在 f 下的像是 b; 取 $a \in A$, 如果 $b \in B \setminus f(A)$,令 $g(b) = a$. 则易知 g 是满映射.

"$\Leftarrow$" 令 $g: B \to A$ 是满映射,因此,对于任意 $a \in A$, $g^{-1}(a) \neq \varnothing$. 令 $\mathcal{B} = \{g^{-1}(a) : a \in A\}$, 因此 $\bigcup \mathcal{B} = B$, 由选择公理可知存在 $f_1: \mathcal{B} \to \bigcup \mathcal{B} = B$, 使得对任意 $a \in A, f_1(g^{-1}(a)) \in g^{-1}(a)$. 令 $f: A \to B$, 满足 $f(a) = f_1(g^{-1}(a)), a \in A$. 当 $a_1 \neq a_2$ 时, $g^{-1}(a_1) \bigcap g^{-1}(a_2) = \varnothing$, 因此 f 是单映射. □

推论 1.27 如果存在由集合 A 到集合 B 的满映射,则 $|B| \leqslant |A|$.

定理 1.28 对于集合 A 与 B,如果存在单映射 $f: A \to B$ 与单映射 $g: B \to A$,则 $|A| = |B|$.

证明 目的是给出由 A 到 B 的双映射. 由于 f 与 g 都是单映射,则复合映射 $g \circ f = k$ 是 A 到 A 的单映射. $|g(B)| = |B|, |A| = |g(f(A))|$,因此只需给出由 $g(B)$ 到 $g(f(A))$ 的双映射即可.

令 $A_0 = g(B) \setminus g(f(A))$;
$A_1 = k(A_0)$,则 $k(A_0) \subset k(A)$;
$A_2 = k(A_1)$,则 $k(A_1) \subset k(A)$, 且 $k(A_1) \bigcap k(A_0) = \varnothing$ (因为 k 是单映射);
$A_{n+1} = k(A_n)$,则 $k(A_n) \subset k(A)$, 且 $k(A_n) \bigcap k(A_i) = \varnothing, i < n$.

令 $C_0 = \bigcup \{A_i : i \in \omega\}$, $C_1 = \bigcup \{A_i : i \in N\}$. 由前述知 $k(C_0) = C_1$, 令 $C_2 = g(f(A)) \setminus C_1$. 对 $x \in C_0$, 令 $p(x) = k(x)$, 对 $x \in C_2$, 令 $p(x) = x$. 则 $p: g(B) \to g(f(A))$ 是双映射. 因此, $|g(B)| = |g(f(A))|$, 于是 $|B| = |A|$. □

下面将主要研究可与自然数集 N 或者 N 的子集建立一一对应的集合.

定义 1.29 A 是一非空集合, 如果存在一自然数 $n \in N$, 及一双映射 $f: A \to \{1, 2, \cdots, n\}$, 则称 A 是有限集, 否则 A 为无限集. 如果 A 是空集, 也称其是有限集. 如果存在双映射 $f: A \to N$, 则称 A 是可数无限集. 若 A 是有限集或可数无限集, 称 A 为可数集.

看下面几个集合: $A_1 = \{-5, -4, -3, -2, -1, 0, 1, 2\}$, $A_2 = \omega$, $A_3 = \{2n : n \in N\}$, $A_4 = Z$. 则 A_1 是有限集, A_2, A_3, A_4 都是可数无限集. 对于 A_4, 可令 $f: Z \to N$, 其中, 当 $n \geqslant 0$ 时, $f(n) = 2n + 1$; 当 $n < 0$ 时, $f(n) = -2n$.

定理 1.30 A 是集合, 若存在 $n \in N$, 且有单映射 $f: A \to \{1, 2, \cdots, n\}$, 则 A 是有限集.

证明 对 n 归纳.

(1) $n = 1$ 时显然结论成立.

(2) 若 $n = m$ 时结论成立, 下证 $n = m + 1$ 时也成立.

$f: A \to \{1, 2, \cdots, m+1\}$ 是单映射. 若不存在 $a \in A$, 使得 $f(a) = m+1$, 则 $f(A) \subset \{1, 2, \cdots, m\}$, 由 (2) 可知, A 是有限集. 若存在 $a \in A$, 使得 $f(a) = m+1$, 则 $f(A \setminus \{a\}) \subset \{1, 2, \cdots, m\}$, 于是由 (2) 可知, $A \setminus \{a\}$ 是有限集. 因此由定义可知存在 $i \leqslant m$ 及双映射 $g: A \setminus \{a\} \to \{1, 2, \cdots, i\}$. 令 $g_1: A \to \{1, 2, \cdots, i+1\}$ 满足: 对 $x \in A$, 若 $x \neq a$, 则 $g_1(x) = g(x)$; 若 $x = a$, 则 $g_1(x) = i+1$. 因此 g_1 是双映射, 则 A 是有限集. □

对有限集不作过多的讨论, 下面将主要研究可数无限集.

引理 1.31 自然数集 N 的任一无限子集都可与自然数集 N 建立双映射.

证明 令 $A \subset N$, A 不是有限集. 由于 A 存在最小元, 令其为 a_1, 定义 $g(1) = a_1$. 对于 $n \geqslant 1$, 已定义 $g(m) = a_m$, $m \leqslant n$, 其中 a_m 是 $A \setminus \{a_1, \cdots, a_{m-1}\}$ 的最小元 ($m - 1 \neq 0$). 由于 $A \setminus \{a_1, \cdots, a_n\} \neq \varnothing$, 令其最小元为 a_{n+1}, 令 $g(n+1) = a_{n+1}$. 于是 $g: N \to A$ 是一双映射. □

由定理 1.26 及引理 1.31 可得如下推论:

推论 1.32 A 是一非空集合, 则下述三个条件等价:

(1) A 是可数集;

1.5 集合的势

(2) 存在由 A 到 N 的单映射;

(3) 存在由 N 到 A 的满映射.

推论 1.33 可数集的子集是可数集.

定理 1.34 如果集合 B 是可数集的满映射像, 则 B 是可数集.

证明 令 $f: A \to B$ 是满映射且 A 是可数集. 因此存在 $g: N \to A$ 是满映射, 这样 $f \circ g$ 是从 N 到 B 的满映射. 于是由推论 1.32 可知 B 是可数集. □

由于非空可数集可以是 N 的满映射像, 因此, 如果 A 是非空可数集, 可令 $A = \{a_n : n \in N\}$.

为了研究可数集的可数并与有限积的可数性质, 先给出如下引理:

引理 1.35 $N \times N$ 是可数集.

证明 由推论 1.32 可知, 只需建立一由 $N \times N$ 到 N 单映射即可. 令 $f: N \times N \to N$, 使得 $f((n, m)) = 2^n \cdot 3^m$. 对于 $(n_1, m_1) \neq (n_2, m_2)$, 假若有 $2^{n_1} \cdot 3^{m_1} = 2^{n_2} \cdot 3^{m_2}$, 若 $n_1 \neq n_2$, 不妨设 $n_1 < n_2$, 则有 $3^{m_1} = 2^{n_2 - n_1} \cdot 3^{m_2}$, 左边是奇数, 右边是偶数, 这样必须有 $n_1 = n_2$, 因此有 $3^{m_1} = 3^{m_2}$. 由于 $n_1 = n_2$ 时有 $m_1 \neq m_2$, 不妨设 $m_1 < m_2$, 则有 $1 = 3^{m_2 - m_1}$, 矛盾. 因此有 $f((n_1, m_1)) \neq f((n_2, m_2))$. 于是 $N \times N$ 是可数集. □

由推论 1.33、定理 1.34、引理 1.35 及下面的定理 1.36 可知有理数集 Q 是可数集.

定理 1.36 可数个可数集的并是可数集.

证明 令 $A = \bigcup\{A_n : n \in N\}$, 其中对每个 $n \in N$, 不妨令 A_n 是非空可数集. 于是令 $A_n = g_n(N), n \in N$, 其中 g_n 是满映射. 对任一 $a \in A$, 存在 $n \in N, m \in N$, 使得 $a = g_n(m)$. 于是 $g: N \times N \to A$, 满足 $g((n, m)) = g_n(m)$ 是满映射. 因此由引理 1.35 可知 $N \times N$ 是可数集, 而 g 是满映射, 再由定理 1.34 可知, A 是可数集. □

定理 1.37 有限个可数集的积集是可数集.

证明 只需证两个可数集的积集是可数集. 不妨令 A 与 B 是两非空可数集, 则存在满映射 $g_1: N \to A$ 与 $g_2: N \to B$. 令 $g: N \times N \to A \times B$, 满足 $g((n, m)) = (g_1(n), g_2(m))$, 则 g 是满映射. 因此由定理 1.34 及引理 1.35 可知 $A \times B$ 是可数集. □

若 Λ 是一集, 对于任意 $\alpha \in \Lambda$, A_α 是一集, 且 $A_\alpha \neq \varnothing$. 令 $\prod_{\alpha \in \Lambda} A_\alpha = \{x = (x_\alpha : \alpha \in \Lambda),$ 其中 $x_\alpha \in A_\alpha, \alpha \in \Lambda\}$, 称 x_α 是 x 的第 α 个分量, 称 $\prod_{\alpha \in \Lambda} A_\alpha$ 为 $A_\alpha, \alpha \in \Lambda$ 的积集.

下面说明可数集的无限积可能不是可数集.

例 1.38 若对每一 $n \in N$, 令 $A_n = \{0, 1\}$, 且 $X = \prod_{n \in N} A_n$, 则 X 不是可数集.

证明 假若 X 是可数集, 由于 X 不是有限集, 则存在双映射 $g : N \to X$. 对 $n \in N$, 当 $g(n)_n = 0$ 时, 令 $a_n = 1$; 当 $g(n)_n = 1$ 时, 令 $a_n = 0$, 即 $a_n = 1 - g(n)_n$. 令 $a = (a_n : n \in N)$, 则 $a \in X$. 因此存在 $m \in N$, 使得 $g(m) = a$, 则 $g(m)_m = a_m = 1 - g(m)_m$, 矛盾. 因此不存在双映射 $g : N \to X$, 于是 X 不是可数集. □

若 A 是一集合, 令 $\mathcal{P}(A) = \{B : B \subset A\}$, 则称 $\mathcal{P}(A)$ 是集合 A 的幂集.

若 $A_1 = \{0, 1\}$, 则 $\mathcal{P}(A_1) = \{\varnothing, \{0, 1\}, \{0\}, \{1\}\}$, 且 $|\mathcal{P}(A_1)| = 4$.

若 $A_2 = \{1, 2, 3\}$, 则 $\mathcal{P}(A_2) = \{\varnothing, \{1, 2, 3\}, \{1\}, \{2\}, \{3\}, \{1, 2\}, \{1, 3\}, \{2, 3\}\}$, 且 $|A_2| = 3, |\mathcal{P}(A_2)| = 2^3 = 8$.

下面将说明 $|\mathcal{P}(A)| > |A|$.

定理 1.39 A 是一集合, 则 $|\mathcal{P}(A)| > |A|$.

证明 显然有 $|A| \leqslant |\mathcal{P}(A)|$. 因此只需证明不存在由 $\mathcal{P}(A)$ 到 A 的单映射, 或者说明不存在由 A 到 $\mathcal{P}(A)$ 的满映射, 这里用后一种来说明. 假若 $f : A \to \mathcal{P}(A)$ 是满映射, 令 $B = \{a : a \notin f(a), a \in A\}$, 则 $B \subset A$. 由于 f 是满映射, 因此存在 $b \in A$, 使得 $f(b) = B$. 若 $b \notin B = f(b)$, 则 $b \in B$; 若 $b \in B = f(b)$, 则 $b \notin f(b)$, 矛盾. 因此 $|\mathcal{P}(A)| > |A|$. □

由于 $|\mathcal{P}(A)| > |A|$, 那么 $|\mathcal{P}(A)|$ 与 $|A|$ 还有什么确切的关系呢?

定理 1.40 A 是一集合, 则 $|\mathcal{P}(A)| = 2^{|A|}$.

证明 令 $g : \mathcal{P}(A) \to \{0, 1\}^A$ (其中 $\{0, 1\}^A$ 是由 A 到 $\{0, 1\}$ 的所有映射构成的集). 对任意 $B \subset A$, 如果 $x \notin B$, 令 $g(B)_x = 0$; 如果 $x \in B$, 令 $g(B)_x = 1$. 则易知 g 是一双映射, 而 $|\{0, 1\}^A| = 2^{|A|}$, 因此有 $|\mathcal{P}(A)| = 2^{|A|}$. □

若令 $|N| = \omega$, 则由定理 1.40 可知, $|\mathcal{P}(N)| = 2^\omega$.

定理 1.41   可数集的所有有限子集构成的集族是可数集族.

证明   令 A 是可数集, 再令 $\mathcal{A}_n = \{B : B \subset A, 1 \leqslant |B| \leqslant n\}$, $n \in N$. 若令 $\mathcal{A}_0 = \{\varnothing\}$, 则 $\mathcal{B} = \bigcup \{\mathcal{A}_n : n \in \omega\}$ 为可数集 A 的所有有限子集构成的集族. 要证明 $\mathcal{B}$ 是可数集族, 只需证明每个 $\mathcal{A}_n$ 是可数集族, $n \in N$. 对于 $n \in N$, 令 $p_n : A^n \to \mathcal{A}_n$, 满足: $p_n((a_1, \cdots, a_n)) = \{a_1, \cdots, a_n\} \in \mathcal{A}_n$, 则 p_n 是满映射, 而由定理 1.37 知, A^n 是可数集, 因此由定理 1.34 可知 $\mathcal{A}_n$ 是可数集, 再由定理 1.36 可知 $\mathcal{B}$ 是可数集. □

1.6 超限归纳法

用数学归纳法来证明关于自然数 n 的命题 $P(n)$ 的证明过程是:

(1) 验证 $P(1)$ 成立;

(2) 对于 $n \in N$, 已知对每个 $m \leqslant n$, $P(m)$ 正确, 如果能够证明 $P(n+1)$ 是正确的, 则最终就证明了命题 $P(n)$.

可能有这样的疑问, 为什么证明了 $P(1)$ 成立, 假如 $P(n)$ 成立, 且证明了 $P(n+1)$ 是正确的, 就证明了该命题呢? 现在来解释一下: 前面提到自然数集的每一非空子集都有最小元, 假若对某个自然数 m, 命题 $P(m)$ 不成立, 则知道 $m \neq 1$, 因为 $P(1)$ 是对的. 这样 $A = \{n : P(n) \text{ 不成立}\} \neq \varnothing$, $A \subset N$, 因此 A 存在最小元 m, 则 $m \neq 1$. 因此 $P(m-1)$ 成立. 另一方面, 由于 $P(m) = P((m-1)+1)$, 因此由证明可知 $P(m)$ 又是成立的. 因此不存在自然数 m, $P(m)$ 不成立.

前面已提到对任一序数 α, α 作为一集合是良序集, 即 α 的每一非空子集都有最小元. 由文献 [5] 可知, 每个由序数构成的集合都有最小元. 于是有如下的超限归纳法.

对每一序数 α, 给定命题 $P(\alpha)$, 如果 $P(0)$ 是正确的; 对于序数 β, 不妨设对每个比 β 小的序数 γ, 命题 $P(\gamma)$ 成立, 如果证明了 $P(\beta)$ 也是正确的, 则对每个序数 α, 命题 $P(\alpha)$ 都是正确的.

一般的证明过程分 β 为后继序数与极限序数两种情况来证明.

练 习

1.1 建立从集合 A 到集合 B 的单映射.

(1) $A = \{a,b,c,d\}$, $B = \{5,8,9,2,6\}$;

(2) $A = \{a,b,c\}$, $B = \{a,b,e\}$.

1.2 建立从集合 A 到集合 B 的双映射.

(1) $A = \omega$, $B = \omega + 1$;

(2) $A = N$, $B = \{-1,-2,0\} \cup N$;

（3）$A = N$, $B = Z$;

(4) $A = (0,2)$, $B = [0,2]$.

1.3 建立从集合 A 到集合 B 的满映射.

(1) $A = \{5,8,9,2,6\}$, $B = \{a,b,c,d\}$;

(2) $A = \{a,b,e\}$, $B = \{a,b,c\}$.

(3) $A = Z$, $B = \{0,1\}$.

1.4 证明 $|R| = |(-\frac{\pi}{2}, \frac{\pi}{2})|$.

1.5 证明 $|(a,b)| = |(c,d)|$.

1.6 如果 $A = N$, $B = \{-1,-2,0\} \cup \mathbb{N}$, 证明 $|A| = |B|$.

1.7 证明 $|R| = \left|\left[-\frac{\pi}{2}, \frac{\pi}{2}\right]\right|$.

1.8 能否把一堆苹果分成 4 堆？在什么情况下可以？如可分应怎样分？思考其中的数学思想.

1.9 现在有 4 堆苹果，有 4 个人，每人分 1 个苹果，怎样分？思考其中的数学思想.

1.10 现有一堆苹果，如果这堆苹果是可数无限个，每个自然数代表一个人，要使每个人选一个苹果，同时每个人选的都不一样，应如何选？思考其中的数学思想.

1.11 证明可数集的满映射像是可数集.

1.12 证明 $|[0,1]| = |(0,1)|$.

1.13 证明 $|(1,2)| = |R|$.

1.14 证明整数集 Z 是可数集.

1.15 证明有理数数集 Q 是可数集.

1.16 证明 $\mathcal{B} = \{(a,b) : a \in Q, b \in Q\}$ 是可数集，其中 Q 是有理数集，(a,b) 是开区间.

1.17 证明 $\mathcal{B} = \{(a,b) \times (c,d) : a \in Q, b \in Q, c \in Q, d \in Q\}$ 是可数集，其中 Q 是有理数集，(a,b), (c,d) 是开区间.

第2章 拓扑空间的基本知识

对于初学者来说，以前可能没有接触过拓扑空间的概念，但在学习数学分析、讨论实数直线上闭区间性质时，却已用了拓扑学的方法.

对于实数直线 R，对任意 $a \in R, b \in R$，若 $a<b$，则称 $(a,b) = \{x : a<x<b, x \in R\}$ 为实数直线上的开区间. 下面定义 R 上的一集族 $\mathcal{T}$，$\mathcal{T} = \{U : U \subset R$ 且对任意 $x \in U$，都存在开区间 (a_x, b_x)，使得 $x \in (a_x, b_x) \subset U\} \bigcup \{\varnothing\}$. 于是，$\varnothing \in \mathcal{T}, R \in \mathcal{T}$，且 $\mathcal{T}$ 中任一非空集都是一些开区间的并. 下面再分析 $\mathcal{T}$ 所具有的性质.

对于任意 $U_1 \in \mathcal{T}, U_2 \in \mathcal{T}$，不妨设 $U_1 \neq \varnothing, U_2 \neq \varnothing$，且 $U_1 \bigcap U_2 \neq \varnothing$. 对任意 $x \in U_1 \bigcap U_2$，存在开区间 (a_1, b_1) 与 (a_2, b_2)，使得 $x \in (a_1, b_1) \subset U_1$，$x \in (a_2, b_2) \subset U_2$. 令 $a = \max\{a_1, a_2\}, b = \min\{b_1, b_2\}$，于是有 $x \in (a, b) \subset U_1 \bigcap U_2$，这说明 $U_1 \bigcap U_2 \in \mathcal{T}$. 对于 $\mathcal{T}$ 的任一子族 $\mathcal{T}_1 \subset \mathcal{T}$，若 $x \in \bigcup \mathcal{T}_1$，则存在 $U \in \mathcal{T}_1$，使得 $x \in U$，因此存在开区间 (a, b)，使得 $x \in (a, b) \subset U$，则 $x \in (a, b) \subset U \subset \bigcup \mathcal{T}_1$，于是 $\bigcup \mathcal{T}_1 \in \mathcal{T}$.

因此 $\mathcal{T}$ 具有如下性质：

(1) $\varnothing \in \mathcal{T}, R \in \mathcal{T}$;
(2) 对于任意 $U_1 \in \mathcal{T}, U_2 \in \mathcal{T}$，有 $U_1 \bigcap U_2 \in \mathcal{T}$;
(3) 对于 $\mathcal{T}$ 的任一子族 $\mathcal{T}_1 \subset \mathcal{T}$，有 $\bigcup \mathcal{T}_1 \in \mathcal{T}$.

把上述的 $\mathcal{T}$ 称为 R 的拓扑. 所要讨论的拓扑空间，就是在给定集 X 上，给出具有类似上述性质 (1)、(2) 及 (3) 的集族 $\mathcal{T}$. 具体定义如下：

设 X 是一集合，$\mathcal{T}$ 是由 X 的某些子集构成的集族，若 $\mathcal{T}$ 具有如下性质：

(1) $\varnothing \in \mathcal{T}, X \in \mathcal{T}$;
(2) 对于任意 $U_1 \in \mathcal{T}, U_2 \in \mathcal{T}$，有 $U_1 \bigcap U_2 \in \mathcal{T}$;
(3) 对于 $\mathcal{T}$ 的任一子族 $\mathcal{T}_1 \subset \mathcal{T}$，有 $\bigcup \mathcal{T}_1 \in \mathcal{T}$，

则称 $\mathcal{T}$ 是 X 的拓扑，$(X, \mathcal{T})$ 为拓扑空间. 如果 X 的拓扑已知，则把拓扑空间 $(X, \mathcal{T})$ 简称为拓扑空间 X. 常把实数直线上在本章开始所给出的拓扑称为 R 的通

常拓扑. 对于 $X = R$, 如无特别说明, 在本书中所取的拓扑均是通常拓扑.

学习一般拓扑学, 就是要学习拓扑空间的基本概念、基本理论及某些拓扑空间的特殊拓扑性质. 通过学习一般拓扑学, 可以进一步加深对直线与平面上一些特殊集合的内部特征的理解, 也可以进一步理解直线与平面上的实值连续函数理论.

在本书中, 令 $[a,b] = \{x : a \leqslant x \leqslant b, x \in R\}$, $[a,b) = \{x : a \leqslant x < b, x \in R\}$, $(a,b] = \{x : a < x \leqslant b, x \in R\}$, $(a,+\infty) = \{x : a < x, x \in R\}$, $[a,+\infty) = \{x : a \leqslant x, x \in R\}$, $(-\infty,b) = \{x : x < b, x \in R\}$, $(-\infty,b] = \{x : x \leqslant b, x \in R\}$.

2.1 开 集

如果 $(X,\mathcal{T})$ 是拓扑空间, $\mathcal{T}$ 是 X 的拓扑, $\mathcal{T}$ 中的每一元 U 称为 X 的开集. 由前面的论述可知, X 中的所有开集具有: 有限交性质, 即有限个开集的交是开集; 任意并性质, 即任意多个开集的并仍是开集.

例 2.1 X 是任一集, 若 $\mathcal{T} = \{X, \varnothing\}$, 则 $(X,\mathcal{T})$ 是拓扑空间, 称 $\mathcal{T}$ 为 X 的平凡拓扑, 称 $(X,\mathcal{T})$ 为平凡拓扑空间.

例 2.2 X 是任一集, 若 $\mathcal{T} = \{A : A \subset X\}$, 则 $(X,\mathcal{T})$ 是拓扑空间, 称之为离散拓扑空间.

可以看出, X 是离散拓扑空间等价于 X 中的每个单点集是开集.

例 2.3 $X = \{a,b,c\}$, $\mathcal{T} = \{X, \varnothing, \{a,b\}, \{a\}\}$, 则 $(X,\mathcal{T})$ 是拓扑空间.

例 2.4 X 是一无限集, $\mathcal{T} = \{U : X \setminus U \text{ 是有限集}\} \bigcup \{\varnothing\}$, 则 $(X,\mathcal{T})$ 是拓扑空间. 这是因为:

(1) $\varnothing \in \mathcal{T}, X \in \mathcal{T}$;

(2) 对于任意 $U_1 \in \mathcal{T}, U_2 \in \mathcal{T}$, 不妨设 $U_1 \neq \varnothing, U_2 \neq \varnothing$. 这样 $X \setminus (U_1 \bigcap U_2) = (X \setminus U_1) \bigcup (X \setminus U_2)$ 是有限集, 因此 $U_1 \bigcap U_2 \in \mathcal{T}$;

(3) 对于 $\mathcal{T}$ 的任一子族 $\mathcal{T}_1 \subset \mathcal{T}$, 要证 $\bigcup \mathcal{T}_1 \in \mathcal{T}$, 因此不妨设 $\bigcup \mathcal{T}_1 \neq \varnothing$, 这样存在 $U_1 \in \mathcal{T}_1$, 使得 $U_1 \neq \varnothing$, 于是 $|X \setminus U_1| < \omega$. 因为 $X \setminus \bigcup \mathcal{T}_1 = \bigcap \{X \setminus U : U \in \mathcal{T}_1\} \subset X \setminus U_1$, 于是 $X \setminus \bigcup \mathcal{T}_1$ 是有限集, 因此有 $\bigcup \mathcal{T}_1 \in \mathcal{T}$.

值得注意的是, 有限个开集的交是开集, 无限多个开集的交不一定是开集. 例如在实数直线上取通常拓扑, $\{0\} = \bigcap \left\{ \left(-\frac{1}{n}, \frac{1}{n} \right) : n \in N \right\}$, 但 $\{0\}$ 不是开集.

2.2 闭　　集

$(X, \mathcal{T})$ 是拓扑空间. 如果 F 是空间 X 的子集且 $U = X \setminus F$ 是开集, 即 $U \in \mathcal{T}$, 则称 F 是闭集. 如果 $\mathcal{F}$ 是由 X 的所有闭集构成的集族, 则 $\mathcal{F}$ 具有如下性质:

(1) $\varnothing \in \mathcal{F}, X \in \mathcal{F}$;
(2) 若 $F_1 \in \mathcal{F}, F_2 \in \mathcal{F}$, 则 $F_1 \bigcup F_2 \in \mathcal{F}$;
(3) 对任意 $\mathcal{F}_1 \subset \mathcal{F}$, $\bigcap \mathcal{F}_1 \in \mathcal{F}$.

即所有闭集构成的集族, 满足有限并及任意交性质, 也就是有限个闭集的并是闭集, 任意多个闭集的交还是闭集.

(1) 是显然的.

再看 (2) 与 (3).

关于 (2): $X \setminus (F_1 \bigcup F_2) = (X \setminus F_1) \bigcap (X \setminus F_2)$, 而 $(X \setminus F_1) \bigcap (X \setminus F_2) \in \mathcal{T}$, 因此 $F_1 \bigcup F_2 \in \mathcal{F}$.

关于 (3): $X \setminus \bigcap \mathcal{F}_1 = \bigcup \{X \setminus F : F \in \mathcal{F}_1\} \in \mathcal{T}$, 因此 $\bigcap \mathcal{F}_1 \in \mathcal{F}$.

这里要强调的是有限个闭集的并是闭集, 但无限多个闭集的并, 则不一定是闭集.

例如: 在 $X = R$ 上取通常拓扑, 对任意 $x \in R$, $X \setminus \{x\}$ 可以表示为开区间的并, 因此 $\{x\}$ 是闭集. 于是对任意 $n \in N$, $A_n = \left\{ \frac{1}{n} \right\}$ 是闭集. 令 $B = \bigcup \{A_n : n \in N\} = \left\{ \frac{1}{n} : n \in N \right\}$, 但 B 不是闭集. 这是因为 $0 \in X \setminus B$, 对任一开区间 (a,b), 若 $0 \in (a,b)$, 都有 $(a,b) \not\subset X \setminus B$. 因此 $X \setminus B$ 不是开集, 这样 B 不是闭集.

2.3 基

$(X, \mathcal{T})$ 是拓扑空间, $\mathcal{T}$ 可能是非常大的集族, 但有时需要用一部分开集来表示所有的开集, 如 $(R, \mathcal{T})$, $\mathcal{T}$ 是通常拓扑. 用这样的开区间 (a,b) 表示开集, 即一个集

合 $U \subset R$ 是开集当且仅当 U 是空集或是一些开区间的并. 实际上可以把开区间的端点取成有理数.

令 $\mathcal{B} = \{(a,b) : a < b, a, b \in Q\} \bigcup \{\varnothing\}$, 则 $\mathcal{B}$ 具有如下性质:

(1) $\varnothing \in \mathcal{B}, X = \bigcup \mathcal{B}$;

(2) 对任意 $B_1, B_2 \in \mathcal{B}$, 若 $B_1 \bigcap B_2 \neq \varnothing$, 对任意 $x \in B_1 \bigcap B_2$, 存在 $B_3 \in \mathcal{B}$, 使得 $x \in B_3 \subset B_1 \bigcap B_2$;

(3) 任一开集 U, 存在 $\mathcal{B}_1 \subset \mathcal{B}$, 使得 $U = \bigcup \mathcal{B}_1$.

$(X, \mathcal{T})$ 是拓扑空间, 如果存在集族 $\mathcal{B} \subset \mathcal{T}$, 满足 $\varnothing \in \mathcal{B}$, 且对任一开集 U, 存在 $\mathcal{B}_1 \subset \mathcal{B}$, 使得 $U = \bigcup \mathcal{B}_1$, 则称 $\mathcal{B}$ 是 $(X, \mathcal{T})$ 的一开基, 简称为基. 这里, $\varnothing \in \mathcal{B}$ 往往不作要求.

若 $\mathcal{B}$ 是 $(X, \mathcal{T})$ 的基, 则 $\mathcal{B}$ 具有如下性质:

(1) $\varnothing \in \mathcal{B}, X = \bigcup \mathcal{B}$;

(2) 对任意 $B_1, B_2 \in \mathcal{B}$, 若 $B_1 \bigcap B_2 \neq \varnothing$, 则对任意 $x \in B_1 \bigcap B_2$, 存在 $B_3 \in \mathcal{B}$, 使得 $x \in B_3 \subset B_1 \bigcap B_2$;

(3) 任一开集 U, 存在 $\mathcal{B}_1 \subset \mathcal{B}$, 使得 $U = \bigcup \mathcal{B}_1$.

关于拓扑空间的基, 有下面的结论, 先介绍一些定义.

如果 $\mathcal{U} \subset \mathcal{T}$ 且 $X = \bigcup \mathcal{U}$, 则称 $\mathcal{U}$ 是 X 的开覆盖.

如果对空间 X 的任一开覆盖 $\mathcal{U}$, 都存在可数子族 $\mathcal{U}_1 \subset \mathcal{U}$, 使得 $X = \bigcup \mathcal{U}_1$, 则称 X 是 Lindelöf 空间.

下面将通过基性质的讨论, 得出 R 在通常拓扑下是 Lindelöf 空间的结论.

定理 2.5 令 $(X, \mathcal{T})$ 是拓扑空间, $\mathcal{B}$ 是 $(X, \mathcal{T})$ 的基, 且 $|\mathcal{B}| \leqslant \omega$, 则对空间 X 的任一开覆盖 $\mathcal{U}$, 都存在子族 $\mathcal{U}_1 \subset \mathcal{U}, |\mathcal{U}_1| \leqslant \omega$, 使得 $X = \bigcup \mathcal{U}_1$.

证明 $X = \bigcup \mathcal{U}$, 对任意 $x \in X$, 存在 $U_x \in \mathcal{U}$, 使得 $x \in U_x$. 由于 $\mathcal{B}$ 是基, 因此存在 $B_x \in \mathcal{B}$, 使得 $x \in B_x \subset U_x$. 于是 $X = \bigcup \{B_x : x \in X\}$, 令 $\mathcal{B}_1 = \{B_x : x \in X\}$, $\mathcal{B}_1 \subset \mathcal{B}, |\mathcal{B}| \leqslant \omega$, 于是 $|\mathcal{B}_1| \leqslant \omega$.

对任意 $B \in \mathcal{B}_1$, B 是某个 B_x, 于是 $B \subset U_x$, 即存在 $U_B \in \mathcal{U}$, 使得 $B \subset U_B$. 因

此 $\{U_B : B \in \mathcal{B}_1\} \subset \mathcal{U}$，且 $X = \bigcup\{U_B : B \in \mathcal{B}_1\}$，$|\{U_B : B \in \mathcal{B}_1\}| \leqslant \omega$. □

如 $(R, \mathcal{T})$，$\mathcal{T}$ 是通常拓扑，令 $\mathcal{B} = \{(a,b) : a < b, a, b \in Q\} \bigcup \{\varnothing\}$，则 $\mathcal{B}$ 是 $(R, \mathcal{T})$ 的基. 由定理 1.41 可知，$\mathcal{B}$ 是可数集族. 因此由定理 2.5 可知，$(R, \mathcal{T})$ 是 Lindelöf 空间.

如果空间 $(X, \mathcal{T})$ 存在某个基 $\mathcal{B}$，$|\mathcal{B}| \leqslant \omega$，则称 $(X, \mathcal{T})$ 是第二可数空间.

因此 $(R, \mathcal{T})$ 是第二可数空间，其中 $\mathcal{T}$ 是通常拓扑. 由定理 2.5 可知，每个第二可数空间都是 Lindelöf 空间.

定理 2.6　$(X, \mathcal{T})$ 是第二可数拓扑空间，则对 X 的任一基 $\mathcal{B}_1$，都存在某个子集族 $\mathcal{B}_0 \subset \mathcal{B}_1$，使得 $|\mathcal{B}_0| \leqslant \omega$，且 $\mathcal{B}_0$ 也是基.

证明　令 $\mathcal{B}$ 是 $(X, \mathcal{T})$ 的一可数基，即 $|\mathcal{B}| \leqslant \omega$. 对任意 $B \in \mathcal{B}$，不妨设 $B \neq \varnothing$. 对任意 $x \in B$，存在 $B_x^1 \in \mathcal{B}_1$，使得 $x \in B_x^1 \subset B$. B_x^1 是开集，$\mathcal{B}$ 是基，因此存在 $B_x^0 \in \mathcal{B}$，使得 $x \in B_x^0 \subset B_x^1 \subset B$，而 $|\{B' : B' \in \mathcal{B}, B' \subset B\}| \leqslant \omega$，因此 $|\{B_x^0 : x \in B\}| \leqslant \omega$. 令 $\mathcal{B}_B^0 = \{B_x^0 : x \in B\} = \{B_n : n \in N\}$. 对任一 $n \in N$，都存在 $B_n^1 \in \mathcal{B}_1$，使得 $B_n \subset B_n^1 \subset B$，于是 $B = \bigcup\{B_n^1 : n \in N\}$，令 $\mathcal{B}_B = \{B_n^1 : n \in N\}$，则 $B = \bigcup \mathcal{B}_B$. 若 $B = \varnothing$，则令 $\mathcal{B}_B = \{\varnothing\}$.

令 $\mathcal{B}_0 = \bigcup\{\mathcal{B}_B : B \in \mathcal{B}\}$，由于可数个可数集族的并是可数集族，因此 $\mathcal{B}_0$ 是可数集族. 下证 $\mathcal{B}_0$ 也是基.

对于 X 中的任一开集 U，不妨设 $U \neq \varnothing$，对任一 $x \in U$，存在 $B \in \mathcal{B}$，使得 $x \in B \subset U$，由于 $B = \bigcup \mathcal{B}_B$，这样存在 $B_1 \in \mathcal{B}_B$，使得 $x \in B_1 \subset B \subset U$，即存在 $B_1 \in \mathcal{B}_0$，使得 $x \in B_1 \subset U$，这样 $\mathcal{B}_0$ 也是基，且 $|\mathcal{B}_0| \leqslant \omega$. □

2.4　邻　　域

对于拓扑空间 $(R, \mathcal{T})$，$\mathcal{T}$ 是通常拓扑，易知对于 R 中任一点 x，包含点 x 的开集可能很多，但存在一个可数的开集族 $\left\{\left(x - \dfrac{1}{n}, x + \dfrac{1}{n}\right) : n \in N\right\}$，对含 x 的任意开集 U，都存在 $n \in N$，使得 $x \in \left(x - \dfrac{1}{n}, x + \dfrac{1}{n}\right) \subset U$. 称 $\mathcal{B}_x = \left\{\left(x - \dfrac{1}{n}, x + \dfrac{1}{n}\right) : n \in N\right\}$ 为点 x 在 $(R, \mathcal{T})$ 中的开邻域基. 下面介绍开邻域基的具体概念.

$(X, \mathcal{T})$ 是拓扑空间, $x \in X$, 如果 X 的一子集 U 满足: $x \in U$, 且存在开集 V, 使得 $x \in V \subset U$, 则称 U 是点 x 的邻域. 如果 U 本身就是开集, 称 U 是点 x 的开邻域.

例如在拓扑空间 $(R, \mathcal{T})$ 中, $\mathcal{T}$ 是通常拓扑, $[-1, 1]$ 是点 0 的邻域, 但不是开邻域, $\left(-\frac{1}{2}, 1\right)$ 是点 0 的开邻域.

如果令 $\mathcal{T}(x)$ 是空间 $(X, \mathcal{T})$ 中点 x 的所有邻域构成的集族, 很容易发现 $\mathcal{T}(x)$ 具有如下性质:

(1) $\mathcal{T}(x) \neq \varnothing$;
(2) 对任意 $U \in \mathcal{T}(x), x \in U$;
(3) 对任意 $U_1 \in \mathcal{T}(x), U_2 \in \mathcal{T}(x)$, 有 $U_1 \bigcap U_2 \in \mathcal{T}(x)$;
(4) 对任意 $U \in \mathcal{T}(x)$, 存在 $V \subset U$, 使得 $x \in V \subset U$, 且对任一 $y \in V, V \in \mathcal{T}(y)$;
(5) 若 $U \in \mathcal{T}(x), U \subset V$, 则 $V \in \mathcal{T}(x)$.

称 $\mathcal{T}(x)$ 是点 x 在拓扑空间 $(X, \mathcal{T})$ 中的邻域系.

解释一下 (4), 因为 $U \in \mathcal{T}(x)$, 因此存在开集 V, 使得 $x \in V \subset U$. 由于开集是其中每一点的邻域, 因此对任一 $y \in V, V \in \mathcal{T}(y)$.

$\mathcal{T}(x)$ 可能是个比较大的集族, 要在其中找到一个比较小的集族 $\mathcal{B}_x$, 使得对包含点 x 的任一开集 U, 都存在 $B \in \mathcal{B}_x$, 使得 $x \in B \subset U$. 称这样的 $\mathcal{B}_x$ 为点 x 的邻域基, 下面是其具体定义.

$(X, \mathcal{T})$ 是拓扑空间, $x \in X$, $\mathcal{T}(x)$ 是点 x 在拓扑空间 $(X, \mathcal{T})$ 中的邻域系. $\mathcal{B}_x \subset \mathcal{T}(x)$, 如果对包含点 x 的任一开集 U, 都存在 $B \in \mathcal{B}_x$, 使得 $x \in B \subset U$, 则称 $\mathcal{B}_x$ 为点 x 的邻域基. 如果 $\mathcal{B}_x$ 中的每个元都是开集, 则称 $\mathcal{B}_x$ 是点 x 的开邻域基. 若 $\mathcal{B}_x = \{\{x\}\}$, 则称 x 是空间 X 中的孤立点.

下面将分别给出邻域基及开邻域基的性质.

邻域基 $\mathcal{B}(x)$ 具有如下性质:

(1) $\mathcal{B}(x) \neq \varnothing$;
(2) 对任意 $B \in \mathcal{B}(x), x \in B$;
(3) 对任意 $B_1 \in \mathcal{B}(x), B_2 \in \mathcal{B}(x)$, 有 $B_3 \in \mathcal{B}(x)$, 使得 $x \in B_3 \subset B_1 \bigcap B_2$;
(4) 对任意 $B \in \mathcal{B}(x)$, 存在 $V \subset B, x \in V \subset B$, 且对任意 $y \in V$, 存在

2.4 邻　　域

$B_y \in \mathcal{B}(y)$，使得 $y \in B_y \subset V$.

开邻域基 $\mathcal{B}(x)$ 具有如下性质：

(1) $\mathcal{B}(x) \neq \varnothing$;
(2) 对任意 $B \in \mathcal{B}(x), x \in B$；
(3) 对任意 $B_1 \in \mathcal{B}(x), B_2 \in \mathcal{B}(x)$，有 $B_3 \in \mathcal{B}(x)$，使得 $x \in B_3 \subset B_1 \bigcap B_2$；
(4) 对任意 $B \in \mathcal{B}(x)$，及任意 $y \in B$，存在 $B_y \in \mathcal{B}(y)$，使得 $y \in B_y \subset B$.

对于拓扑空间 $(R, \mathcal{T})$，$\mathcal{T}$ 是通常拓扑，对任意 $x \in R$，$\mathcal{B}(x) = \left\{ \left(x - \dfrac{1}{n}, x + \dfrac{1}{n} \right) : n \in N \right\}$ 为点 x 在 $(R, \mathcal{T})$ 中的开邻域基.

把空间中的每个点都具有可数开邻域基的拓扑空间称为第一可数空间. 因此空间 $(R, \mathcal{T})$ 是第一可数空间，其中 $\mathcal{T}$ 是通常拓扑.

定理 2.7　每个第二可数空间都是第一可数空间.

证明　$(X, \mathcal{T})$ 是第二可数空间，令 $\mathcal{B}$ 是 $(X, \mathcal{T})$ 的一可数基，即 $|\mathcal{B}| \leqslant \omega$. 对任意 $x \in X$，令 $\mathcal{B}(x) = \{B : x \in B, B \in \mathcal{B}\}$，则 $\mathcal{B}(x)$ 是点 x 的可数开邻域基.　□

值得注意的是，每个第一可数空间不一定是第二可数空间.

例 2.8　X 是一不可数集，$\mathcal{T} = \{A : A \subset X\}$，$(X, \mathcal{T})$ 是一离散拓扑空间，则 $(X, \mathcal{T})$ 是第一可数空间，但不是第二可数空间.

证明　$\mathcal{B}(x) = \{\{x\}\}$ 是点 x 的开邻域基，因此 $(X, \mathcal{T})$ 是第一可数空间. $\mathcal{B} = \{\{x\} : x \in X\}$ 是 X 的基，假若 X 是第二可数空间，则由定理 2.6 可知，存在某个 $\mathcal{B}_0 \subset \mathcal{B}$，使得 $|\mathcal{B}_0| \leqslant \omega$，且 $\mathcal{B}_0$ 也是基，但 $\bigcup \mathcal{B}_0$ 是 X 的可数集，因此对任意 $y \in X \setminus \bigcup \mathcal{B}_0$，都不存在 $B \in \mathcal{B}_0$，使得 $y \in B \subset \{y\}$，这与 $\mathcal{B}_0$ 是 X 的可数基矛盾，因此 $(X, \mathcal{T})$ 是第一可数空间，但不是第二可数空间.　□

定理 2.9　X 是第一可数空间，则对任意 $x \in X$，都存在可数开邻域基 $\mathcal{B}(x) = \{B_n(x) : n \in N\}$ 满足 $B_{n+1}(x) \subset B_n(x)$，$n \in N$.

证明　令 $\mathcal{B}'(x)$ 是点 x 的可数开邻域基，设 $\mathcal{B}'(x) = \{U_n(x) : n \in N\}$.

令 $B_1(x) = U_1(x)$. 对 $n \in N$，$B_n(x) = \bigcap \{U_m(x) : m \leqslant n\}$，则 $B_{n+1}(x) \subset B_n(x) \subset U_n(x)$，$n \in N$. 对于含点 x 的任一开集 O，存在 $n \in N$，使得 $x \in U_n(x) \subset$

O, 于是 $x \in B_n(x) \subset O$. 这样 $\mathcal{B}(x) = \{B_n(x) : n \in N\}$ 是点 x 的可数开邻域基, 满足 $B_{n+1}(x) \subset B_n(x)$, $n \in N$. □

2.5 闭包、聚点与边缘

在实数直线 R 上取通常拓扑, (a,b) 不是闭集, 而 $[a,b]$ 是闭集, 且对包含 (a,b) 的任意闭集 F, 都有 $[a,b] \subset F$, 即 $[a,b] = \bigcap \{F : (a,b) \subset F,$ 且 F 是 R 中的闭集$\}$. 把 $[a,b]$ 称为 (a,b) 的闭包.

$(X, \mathcal{T})$ 是拓扑空间, $A \subset X$, 称 X 中包含 A 的所有闭集的交为 A 的闭包, 记为 $\overline{A}$. 因此 $\overline{A} = \bigcap \{F : A \subset F,$ 且 F 是 X 中的闭集$\}$.

由定义可知, 一个集合 A 的闭包是闭集, 且 $A \subset \overline{A}$.

定理 2.10 $(X, \mathcal{T})$ 是拓扑空间, $A \subset X$, $x \in \overline{A}$ 当且仅当对含 x 的任一开集 U, 都有 $U \bigcap A \neq \varnothing$.

证明 "$\Rightarrow$" 已知 $x \in \overline{A}$, U 是含 x 的任一开集, 假若 $U \bigcap A = \varnothing$, 则 $A \subset X \setminus U$, $X \setminus U$ 是闭集. 由定义可知, $x \notin \overline{A}$, 矛盾. 因此对含 x 的任一开集 U, 都有 $U \bigcap A \neq \varnothing$.

"$\Leftarrow$" 假若 $x \notin \overline{A} = \bigcap \{F : A \subset F,$ 且 F 是 X 中的闭集$\}$, 则存在闭集 F, 使得 $A \subset F$, $x \notin F$. 令 $U = X \setminus F$, 则 $x \in U$, 且 U 是开集, 但 $U \bigcap A = \varnothing$, 与已知矛盾. 因此 $x \in \overline{A}$. □

定理 2.11 $(X, \mathcal{T})$ 是拓扑空间, $A \subset X$, $\mathcal{B}(x)$ 是点 x 的开邻域基. $x \in \overline{A}$ 当且仅当对任意 $B \in \mathcal{B}(x)$, 都有 $B \bigcap A \neq \varnothing$.

证明 "$\Rightarrow$" 已知 $x \in \overline{A}$, 由于对任意 $B \in \mathcal{B}(x)$, B 是开集, 因此由定理 2.10 可知 $B \bigcap A \neq \varnothing$.

"$\Leftarrow$" 对于含点 x 的任一开集 O, 存在 $B \in \mathcal{B}(x)$, 使得 $x \in B \subset O$. 由已知 $B \bigcap A \neq \varnothing$, 因此 $O \bigcap A \neq \varnothing$. 这样由定理 2.10 可知, $x \in \overline{A}$. □

推论 2.12 $(X, \mathcal{T})$ 是拓扑空间, $A \subset X$, $\mathcal{B}$ 是 X 的基. $x \in \overline{A}$ 当且仅当对任意 $B \in \mathcal{B}$, 若 $x \in B$, 都有 $B \bigcap A \neq \varnothing$.

证明 对任意 $x \in X$, $\mathcal{B}(x) = \{B : x \in B, B \in \mathcal{B}\}$ 是点 x 的开邻域基. 因此由定理 2.11 可知, $x \in \overline{A}$ 当且仅当对任意 $B \in \mathcal{B}$, 若 $x \in B$, 都有 $B \bigcap A \neq \varnothing$. □

2.5 闭包、聚点与边缘

例 2.13 在实数直线 R 上取通常拓扑.

若 $A_1 = \left\{\dfrac{1}{n} : n \in N\right\}$, 则 $\overline{A_1} = A_1 \bigcup \{0\}$;

若 $A_2 = (a, b)$, 则 $\overline{A_2} = [a, b]$;

若 $A_3 = (1, 2] \bigcup [4, 5)$, 则 $\overline{A_3} = [1, 2] \bigcup [4, 5]$.

例 2.14 $X = \{a, b, c\}, \mathcal{T} = \{\varnothing, X, \{a\}, \{b\}, \{a, b\}\}$.

若 $A_1 = \{a\}$, 则 $\overline{A_1} = \{a, c\}$;

若 $A_2 = \{c\}$, 则 $\overline{A_2} = \{c\}$.

$(X, \mathcal{T})$ 是拓扑空间, $A \subset X$, 由闭包定义知 A 是闭集当且仅当 $\overline{A} = A$.

$(X, \mathcal{T})$ 是拓扑空间, $A \subset X, B \subset X$, 集合的闭包算子具有如下性质:

(1) $A \subset \overline{A}$;
(2) $\overline{\varnothing} = \varnothing$;
(3) $A \subset B$, 则 $\overline{A} \subset \overline{B}$;
(4) $\overline{A \bigcup B} = \overline{A} \bigcup \overline{B}$;
(5) $\overline{\overline{A}} = \overline{A}$.

解释一下 (4):

由于 $A \subset \overline{A}, B \subset \overline{B}$, 且 $\overline{A} \bigcup \overline{B}$ 是闭集, 因此 $\overline{A \bigcup B} \subset \overline{A} \bigcup \overline{B}$.

另一方面, $\overline{A} \subset \overline{A \bigcup B}, \overline{B} \subset \overline{A \bigcup B}$, 因此 $\overline{A} \bigcup \overline{B} \subset \overline{A \bigcup B}$. 于是有 $\overline{A \bigcup B} = \overline{A} \bigcup \overline{B}$.

由定理 2.10 得到如下推论:

推论 2.15 $(X, \mathcal{T})$ 是拓扑空间, $A \subset X, V$ 是 X 中的开集, 且 $A \bigcap V = \varnothing$, 则 $\overline{A} \bigcap V = \varnothing$.

关于闭包性质中 $\overline{A \bigcup B} = \overline{A} \bigcup \overline{B}$, 是说有限个集合并的闭包与这些集合先取闭包再取并是一样的, 但对无限多个集合并的情况这一性质则不一定成立.

例 2.16 在实数直线 R 上取通常拓扑. 对每个 $n \in N$, 令 $A_n = \left\{\dfrac{1}{n}\right\}$, 则

$\overline{A_n} = A_n$,因此 $\bigcup\{\overline{A_n} : n \in N\} = \left\{\dfrac{1}{n} : n \in N\right\}$. 但是 $\overline{\bigcup\{A_n : n \in N\}} = \overline{\left\{\dfrac{1}{n} : n \in N\right\}} = \left\{\dfrac{1}{n} : n \in N\right\} \bigcup \{0\}$.

上例说明对一些集合先取并再取闭包可能比先取闭包再取并要大 ($A \subset B$, 称 B 比 A 大),在什么条件下一些集合先取并再取闭包与先取闭包再取并一样呢?下面将讨论此问题.

定义 2.17 $(X, \mathcal{T})$ 是拓扑空间,$\mathcal{A}$ 是一集族,即任一 $A \in \mathcal{A}$, $A \subset X$. 如果对任一 $x \in X$, 都存在开集 V_x, 使得 $x \in V_x$ 且 $|\{A : V_x \bigcap A \neq \varnothing, A \in \mathcal{A}\}| < \omega$, 则称集族 $\mathcal{A}$ 是空间 X 中的局部有限集族,若同时每个 $A \in \mathcal{A}$ 都是 X 中的闭 (开) 集,则称集族 $\mathcal{A}$ 是空间 X 中的局部有限闭 (开) 集族;如果对任一 $x \in X$, 都存在开集 V_x, 使得 $x \in V_x$ 且 $|\{A : V_x \bigcap A \neq \varnothing, A \in \mathcal{A}\}| \leqslant 1$, 则称集族 $\mathcal{A}$ 是空间 X 中的离散集族,若同时每个 $A \in \mathcal{A}$ 都是 X 中的闭 (开) 集,则称集族 $\mathcal{A}$ 是空间 X 中的离散闭 (开) 集族.

在实数直线 R 上取通常拓扑,则 $\{(n-1, n+1) : n \in Z\}$ 是 R 上的局部有限开集族.

定理 2.18 $(X, \mathcal{T})$ 是拓扑空间,$\mathcal{A}$ 是 X 中的局部有限集族,则 $\bigcup\{\overline{A} : A \in \mathcal{A}\} = \overline{\bigcup\{A : A \in \mathcal{A}\}}$.

证明 对任一 $A \in \mathcal{A}$, 有 $\overline{A} \subset \overline{\bigcup\{A : A \in \mathcal{A}\}}$. 因此 $\bigcup\{\overline{A} : A \in \mathcal{A}\} \subset \overline{\bigcup\{A : A \in \mathcal{A}\}}$.

对任意 $x \in \overline{\bigcup\{A : A \in \mathcal{A}\}}$, 由于 $\mathcal{A}$ 是 X 中的局部有限集族,因此存在开集 V_x, 使得 $x \in V_x$ 且 $|\{A : V_x \bigcap A \neq \varnothing, A \in \mathcal{A}\}| < \omega$, 令 $\mathcal{A}_1 = \{A : V_x \bigcap A \neq \varnothing, A \in \mathcal{A}\}$, 则 $|\mathcal{A}_1| < \omega$. 令 $\mathcal{A}_2 = \{A : V_x \bigcap A = \varnothing, A \in \mathcal{A}\}$, 因此 $V_x \bigcap (\bigcup \mathcal{A}_2) = \varnothing$.

由推论 2.15 可知,$V_x \bigcap \overline{\bigcup \mathcal{A}_2} = \varnothing$. 而 $\overline{\bigcup\{A : A \in \mathcal{A}\}} = \overline{\bigcup \mathcal{A}_1 \bigcup (\bigcup \mathcal{A}_2)} = \overline{\bigcup \mathcal{A}_1} \bigcup \overline{\bigcup \mathcal{A}_2}$. 这样 $x \in \overline{\bigcup \mathcal{A}_1}$, 而 $|\mathcal{A}_1| < \omega$, 因此存在 $A \in \mathcal{A}_1$, 使得 $x \in \overline{A}$. 因此 $\bigcup\{\overline{A} : A \in \mathcal{A}\} = \overline{\bigcup\{A : A \in \mathcal{A}\}}$. □

推论 2.19 $(X, \mathcal{T})$ 是拓扑空间,$\mathcal{A}$ 是 X 中的局部有限闭集族,则 $\bigcup\{A : A \in \mathcal{A}_1\}$ 是闭集,其中 $\mathcal{A}_1 \subset \mathcal{A}$.

定理 2.20 $(X, \mathcal{T})$ 是拓扑空间,$\mathcal{A}$ 是 X 中的局部有限集族,则 $\{\overline{A} : A \in \mathcal{A}\}$

2.5 闭包、聚点与边缘

仍是 X 中的局部有限集族.

证明 对任意 $x \in X$, 存在开集 V_x, 使得 $x \in V_x$ 且 $|\{A : V_x \bigcap A \neq \varnothing, A \in \mathcal{A}\}| < \omega$. 对 $A \in \mathcal{A}$, 如果 $V_x \bigcap A = \varnothing$, 则由推论 2.15 可知, $V_x \bigcap \overline{A} = \varnothing$. 因此有 $|\{\overline{A} : V_x \bigcap \overline{A} \neq \varnothing, A \in \mathcal{A}\}| < \omega$, 即 $\{\overline{A} : A \in \mathcal{A}\}$ 是 X 中的局部有限集族. □

在实数直线 R 上取通常拓扑, 在任一开区间 (a,b) 中都存在有理数, 因此有 $\overline{Q} = R$. 在一拓扑空间 $(X, \mathcal{T})$ 中, 如果 $A \subset X$, 且 $\overline{A} = X$, 则称 A 是 X 中的稠密集.

定理 2.21 $(X, \mathcal{T})$ 是拓扑空间, $A \subset X$. A 是 X 中的稠密集当且仅当对任意 $x \in X$, 及含 x 的任一开集 U, 都有 $U \bigcap A \neq \varnothing$.

证明 由定理 2.10 及稠密集的定义得到. □

定义 2.22 $(X, \mathcal{T})$ 是拓扑空间, 如果存在子集 $A \subset X$, $|A| \leqslant \omega$, 且 $\overline{A} = X$, 则称 X 是可分空间.

在实数直线 R 上取通常拓扑, 有 $\overline{Q} = R$, 因此 R 是可分空间.

在实数直线 R 上取通常拓扑. 令 $A = \left\{\dfrac{1}{n} : n \in N\right\}$, 则 $\overline{A} = A \bigcup \{0\}$. 对每个 $n \in N$, $\dfrac{1}{n} \in \overline{A}$. 当 $n \neq 1$ 时, 则存在开集 $U_n = \left(\dfrac{1}{n+1}, \dfrac{1}{n-1}\right)$, 使得 $U_n \bigcap A = \left\{\dfrac{1}{n}\right\}$, 当 $n = 1$ 时, 令 $U_1 = \left(\dfrac{1}{2}, 2\right)$, 则 $U_1 \bigcap A = \{1\}$, 点 $0 \in \overline{A}$, 但对含点 0 的任一开集 U, $\left|U \bigcap \left\{\dfrac{1}{n} : n \in N\right\}\right| = \omega$, 把 0 称作 $\left\{\dfrac{1}{n} : n \in N\right\}$ 的聚点.

定义 2.23 $(X, \mathcal{T})$ 是拓扑空间, $A \subset X$, $x \in X$. 如果对含 x 的任一开集 U, 都有 $U \bigcap (A \setminus \{x\}) \neq \varnothing$, 则称 x 是集 A 的聚点. A 的所有聚点构成的集合称为 A 的导集, 记作 A^d.

值得注意的是, 一个集合 A 的聚点可能在 A 中, 也可能不在 A 中, 例如在 R 中, $A = (0, 1)$, $A^d = [0, 1]$. 若 $A = \left\{\dfrac{1}{n} : n \in N\right\}$, 则 $A^d = \{0\}$, 而 $\dfrac{1}{n} \notin A^d$.

由聚点定义及定理 2.10 可得如下定理:

定理 2.24 $(X, \mathcal{T})$ 是拓扑空间, $A \subset X$, 则 $\overline{A} = A \bigcup A^d$.

在 R 中, $A = (0,1)$, $0 \in \overline{A}$, $0 \in \overline{R \setminus A}$, 把点 0 称为区间 $(0,1)$ 的边缘点. 因此有如下定义：

定义 2.25　$(X, \mathcal{T})$ 是拓扑空间, $A \subset X$, $x \in X$. 如果对含 x 的任一开集 U, 都有 $U \bigcap A \neq \varnothing$, 同时 $U \bigcap (X \setminus A) \neq \varnothing$, 即 $x \in \overline{A} \bigcap \overline{X \setminus A}$, 则称 x 是集合 A 的边缘点. A 的所有边缘点的集合记为 $\mathrm{Fr}(A)$, 称为 A 的边缘.

在 R 中, 若 $A = (0,1)$, 则 $\mathrm{Fr}(A) = \{0, 1\}$; 若 $A = \left\{ \dfrac{1}{n} : n \in N \right\}$, 则 $\mathrm{Fr}(A) = A \bigcup \{0\}$.

可以得到如下结论：

结论 2.26　$(X, \mathcal{T})$ 是拓扑空间, $A \subset X$, 则有如下结论：

(1) $\overline{A} = A \bigcup A^d = A \bigcup \mathrm{Fr}(A)$;
(2) A 是闭集等价于 $\mathrm{Fr}(A) \subset A$;
(3) A 是开集等价于 $\mathrm{Fr}(A) \bigcap A = \varnothing$;
(4) A 是既开又闭的集合等价于 $\mathrm{Fr}(A) = \varnothing$;
(5) $\mathrm{Fr}(A) = \mathrm{Fr}(X \setminus A)$.

证明　(1) 由定理 2.24 可知, $\overline{A} = A \bigcup A^d$. 下证 $\overline{A} = A \bigcup \mathrm{Fr}(A)$. 由 $\mathrm{Fr}(A)$ 的定义可知, $\mathrm{Fr}(A) \subset \overline{A}$, 又由于 $A \subset \overline{A}$, 因此 $A \bigcup \mathrm{Fr}(A) \subset \overline{A}$.

另一方面, 对任意 $x \in \overline{A}$, 若 $x \notin A$, 则对于含 x 的任一开集 U_x, 有 $U_x \bigcap A \neq \varnothing$. 由于 $x \notin A$, 于是 $U_x \bigcap (X \setminus A) \neq \varnothing$, 因此 $x \in \mathrm{Fr}(A)$, 这样 (1) 成立.

(2) 如果 A 是闭集, 则 $\overline{A} = A$, 而 $\mathrm{Fr}(A) = \overline{A} \bigcap \overline{(X \setminus A)}$, 因此 $\mathrm{Fr}(A) \subset \overline{A} = A$.

另一方面, 若 $\mathrm{Fr}(A) \subset A$, 则对任意 $x \in X \setminus A$, 有 $x \notin \mathrm{Fr}(A)$. 因此存在含 x 的开集 O_x, 使得 $O_x \bigcap A = \varnothing$. 这样 $X \setminus A = \bigcup \{ O_x : x \in X \setminus A \}$, 因此 A 是闭集.

(3) 由 $\mathrm{Fr}(A)$ 的定义可知, $\mathrm{Fr}(A) = \overline{A} \bigcap \overline{(X \setminus A)}$, 同时由 $\mathrm{Fr}(X \setminus A)$ 的定义可知 $\mathrm{Fr}(X \setminus A) = \overline{A} \bigcap \overline{(X \setminus A)}$. 因此 $\mathrm{Fr}(A) = \mathrm{Fr}(X \setminus A)$. 因此 (5) 成立.

(4) 如果 A 是开集, 则 $X \setminus A$ 是闭集. 这样由 (2) 可知 $\mathrm{Fr}(X \setminus A) \subset X \setminus A$, 由 (5) 可知, $\mathrm{Fr}(A) = \mathrm{Fr}(X \setminus A)$, 这样 $\mathrm{Fr}(A) \bigcap A = \varnothing$.

另一方面, 若 $\mathrm{Fr}(A) \bigcap A = \varnothing$, 则对任意 $x \in A$, 都有 $x \notin \mathrm{Fr}(A)$. 因此存在开集

V_x 使得 $x \in V_x \subset A$. 这样 A 是开集，因此 (3) 成立.

(5) 若 A 是开集，则由 (3) 可知 $\operatorname{Fr}(A) \cap A = \varnothing$；若 A 是闭集，则由 (2) 可知 $\operatorname{Fr}(A) \subset A$，因此 $\operatorname{Fr}(A) \cap A = \varnothing$ 与 $\operatorname{Fr}(A) \subset A$ 同时成立，这样 $\operatorname{Fr}(A) = \varnothing$.

另一方面，若 $\operatorname{Fr}(A) = \varnothing$，则 $\overline{A} \cap \overline{(X \setminus A)} = \varnothing$，因此 $\overline{A} \cap (X \setminus A) = \varnothing$，即 $\overline{A} = A$. 同理 $\overline{(X \setminus A)} = X \setminus A$. 这样 A 与 $X \setminus A$ 都是闭集，因此 A 是既开又闭的集合. □

X 是拓扑空间，$f: N \to X$ 是一映射，令 $f(n) = a_n, n \in N$，称 $\{a_n : n \in N\}$ 是 X 中的一序列，记为 $\{a_n\}_{n \in N}$. 若 $y \in X$，使得对含 y 的任意开集 U，都存在 $m \in N$，当 $n > m$ 时，都有 $a_n \in U$，则称序列 $\{a_n : n \in N\}$ 收敛于 y，称 y 是序列 $\{a_n : n \in N\}$ 的收敛点或极限点.

X 是拓扑空间，$\{x_n : n \in N\}$ 是 X 中的序列，如果序列 $\{x_n : n \in N\}$ 是 X 中的无限点集，则序列 $\{x_n : n \in N\}$ 的收敛点一定是其聚点.

对于某些特殊空间中集合的闭包，有如下定理：

定理 2.27 $(X, \mathcal{T})$ 是第一可数拓扑空间，$A \subset X$. $x \in \overline{A}$ 的充分必要条件是存在 A 中的序列 $\{a_n\}_{n \in N}$ 收敛于 x.

证明 "⇐" 对于 X 中含 x 的任意开集 U_x，由于序列 $\{a_n\}_{n \in N}$ 收敛于 x，因此存在 $m \in N$，当 $n > m$ 时，都有 $a_n \in U_x$，这样 $U_x \cap A \neq \varnothing$. 因此 $x \in \overline{A}$.

"⇒" X 是第一可数空间，则对任意 $x \in X$，都存在可数开邻域基 $\mathcal{B}(x) = \{B_n(x) : n \in N\}$ 满足 $B_{n+1}(x) \subset B_n(x), n \in N$. 如果 $x \in \overline{A}$，则 $B_n(x) \cap A \neq \varnothing$, $n \in N$. 取 $a_n \in B_n(x) \cap A, n \in N$. 对于含 x 的任意开集 V，存在 $m \in N$，使得 $x \in B_m(x) \subset V$. 因此当 $n \geq m$ 时，有 $a_n \in B_n(x) \subset B_m(x) \subset V$，这样序列 $\{a_n\}_{n \in N}$ 收敛于点 x. □

2.6 内　　部

定义 2.28 $(X, \mathcal{T})$ 是拓扑空间，$A \subset X$，若 $x \in A$，且存在开集 V，使得 $x \in V \subset A$，则称点 x 是 A 的内点. A 的所有内点构成的集合称为 A 的内部，记为 A°.

例 2.29 $X = \{a, b, c\}, \mathcal{T} = \{\varnothing, X, \{a\}, \{a, b\}\}$.

若 $A = \{a\}$，则 $A^\circ = \{a\}$；

若 $A = \{a, c\}$，则 $A^\circ = \{a\}$；

若 $A = \{b, c\}$，则 $A^\circ = \varnothing$.

定理 2.30 $(X, \mathcal{T})$ 是拓扑空间，$A \subset X$，则 A° 是开集.

证明 $A \subset X$，不妨设 $A^\circ \neq \varnothing$. 对任意 $x \in A^\circ$，存在开集 V_x，使得 $x \in V_x \subset A$，对任意 $y \in V_x$，有 $y \in V_x \subset A$，因此 $V_x \subset A^\circ$，这样有 $A^\circ = \bigcup \{V_x : x \in A^\circ\}$，因此 A° 是开集. □

推论 2.31 $(X, \mathcal{T})$ 是拓扑空间，$A \subset X$. A 是开集的充要条件是 $A = A^\circ$.

定理 2.32 $(X, \mathcal{T})$ 是拓扑空间，$A \subset X, B \subset X$，集合的内部具有如下性质：

(1) $A^\circ \subset A$；
(2) $X^\circ = X$；
(3) $(A \bigcap B)^\circ = A^\circ \bigcap B^\circ$；
(4) $(A^\circ)^\circ = A^\circ$；
(5) 若 $A \subset B$，则 $A^\circ \subset B^\circ$.

证明 (4) 可由推论 2.31 及定理 2.30 可得. (1)、(2) 与 (5) 可由定义得到，下面只说明 (3).

由于 $A^\circ \subset A, B^\circ \subset B$，于是有 $A^\circ \bigcap B^\circ \subset A \bigcap B$，因此 $(A^\circ \bigcap B^\circ)^\circ \subset (A \bigcap B)^\circ$，而 $(A^\circ \bigcap B^\circ)^\circ = A^\circ \bigcap B^\circ$，因此 $A^\circ \bigcap B^\circ \subset (A \bigcap B)^\circ$. 其次对任意 $x \in (A \bigcap B)^\circ$，存在开集 V_x，使得 $x \in V_x \subset A \bigcap B$，因此 $x \in A^\circ, x \in B^\circ$，即 $x \in A^\circ \bigcap B^\circ$，这样 $(A \bigcap B)^\circ \subset A^\circ \bigcap B^\circ$，因此 $(A \bigcap B)^\circ = A^\circ \bigcap B^\circ$. □

但应注意，$(A \bigcup B)^\circ$ 不一定与 $A^\circ \bigcup B^\circ$ 相同. 例如：在 R 中，$A = [0, 1], B = (1, 2]$，则 $A^\circ = (0, 1), B^\circ = (1, 2)$，但 $A \bigcup B = [0, 2]$，因此 $(A \bigcup B)^\circ = (0, 2)$，而 $1 \notin A^\circ \bigcup B^\circ$.

下面来讨论集合的闭包、内部及边缘的关系.

定理 2.33 X 是拓扑空间，$A \subset X$，则下述结论成立：

(1) $\overline{A} = X \setminus (X \setminus A)^\circ$；

(2) $A^\circ = X \setminus \overline{(X \setminus A)}$;

(3) $A^\circ = A \setminus \mathrm{Fr}(A)$.

证明 关于 (1) 与 (2), 只需证明其中的一个, 这里证明 (2).

如果 $x \in A^\circ$, 则存在开集 V_x, 使得 $x \in V_x \subset A$, 因此 $V_x \bigcap (X \setminus A) = \varnothing$. 因此由推论 2.15 可知, $V_x \bigcap \overline{(X \setminus A)} = \varnothing$. 这样 $x \notin \overline{(X \setminus A)}$, 因此 $x \in X \setminus \overline{(X \setminus A)}$.

另一方面, 如果 $x \in X \setminus \overline{(X \setminus A)}$, 因此令 $V_x = X \setminus \overline{(X \setminus A)}$, 则 $V_x \bigcap (X \setminus A) = \varnothing$, 于是 $x \in V_x \subset A$, 这样 $x \in A^\circ$. 因此 $A^\circ = X \setminus \overline{(X \setminus A)}$.

下面来证明 (3). 由于 A° 是开集, 且 $A^\circ \subset A$, 因此 $A^\circ \bigcap (X \setminus A) = \varnothing$. 因此由推论 2.15 可知, $A^\circ \bigcap \overline{X \setminus A} = \varnothing$. 而 $\mathrm{Fr}(A) \subset \overline{X \setminus A}$, 这样有 $A^\circ \subset A \setminus \mathrm{Fr}(A)$.

另一方面, 如果 $x \in A \setminus \mathrm{Fr}(A)$, 则存在开集 $V_x, x \in V_x, V_x \bigcap (X \setminus A) = \varnothing$, 因此 $x \in V_x \subset A$, 于是 $x \in A^\circ$. 因此 $A^\circ = A \setminus \mathrm{Fr}(A)$. $\square$

2.7 生成拓扑的方法

对于给定的集合 X, 在 X 上构造所需的拓扑 $\mathcal{T}$, 有时要把 $\mathcal{T}$ 写出来很困难, 因此往往是首先构造一其它集族, 然后用这一集族来生成 $\mathcal{T}$, 再验证 $\mathcal{T}$ 满足拓扑的三个条件.

2.7.1 构造拓扑的基

一拓扑空间 $(X, \mathcal{T})$ 的基 $\mathcal{B}$ 要满足:

(1) $\varnothing \in \mathcal{B}, X = \bigcup \mathcal{B}$;

(2) 对任意 $B_1, B_2 \in \mathcal{B}$, 若 $B_1 \bigcap B_2 \neq \varnothing$, 对任意 $x \in B_1 \bigcap B_2$, 存在 $B_3 \in \mathcal{B}$, 使得 $x \in B_3 \subset B_1 \bigcap B_2$.

反过来, 对于给定的集合 X, X 上面还没有拓扑, 首先可构造一集族 $\mathcal{B}$, 使之满足上面的条件 (1) 与 (2), 再由 $\mathcal{B}$ 生成拓扑 $\mathcal{T}$, 最后 $\mathcal{B}$ 就是所生成拓扑 $\mathcal{T}$ 的基.

具体做法如下:

令 $\mathcal{B}$ 是 X 上的集族, 对任意 $B \in \mathcal{B}, B \subset X$, $\mathcal{B}$ 具有如下性质:

(1) $\varnothing \in \mathcal{B}, X = \bigcup \mathcal{B}$;

(2) 对任意 $B_1, B_2 \in \mathcal{B}$, 且 $B_1 \bigcap B_2 \neq \varnothing$, 则对任意 $x \in B_1 \bigcap B_2$, 存在 $B_3 \in \mathcal{B}$, 使得 $x \in B_3 \subset B_1 \bigcap B_2$.

定义 $\mathcal{T} = \{U : U \subset X \text{ 且存在 } \mathcal{B}_U \subset \mathcal{B}, \text{ 使得 } U = \bigcup \mathcal{B}_U\}$.

下面证明 $\mathcal{T}$ 满足拓扑的三个条件.

(1) $\{\varnothing\} \subset \mathcal{B}$, 而且 $\bigcup\{\varnothing\} = \varnothing$, 于是 $\varnothing \in \mathcal{T}$. 由于 $X = \bigcup \mathcal{B}$, 因此 $X \in \mathcal{T}$.

(2) 若 $U_1 \in \mathcal{T}, U_2 \in \mathcal{T}$, 则存在 $\mathcal{B}_{U_1} \subset \mathcal{B}, \mathcal{B}_{U_2} \subset \mathcal{B}$, 使得 $U_1 = \bigcup \mathcal{B}_{U_1}, U_2 = \bigcup \mathcal{B}_{U_2}$. 不妨设 $U_1 \bigcap U_2 \neq \varnothing$, 对任意 $x \in U_1 \bigcap U_2$, 一定存在 $B_1 \in \mathcal{B}_{U_1}, B_2 \in \mathcal{B}_{U_2}$, 使得 $x \in B_1 \subset U_1, x \in B_2 \subset U_2$, 这样 $x \in B_1 \bigcap B_2 \subset U_1 \bigcap U_2$, 由 $\mathcal{B}$ 的性质 (2) 可知, 存在 $B_x \in \mathcal{B}$, 使得 $x \in B_x \subset B_1 \bigcap B_2 \subset U_1 \bigcap U_2$. 因此令 $\mathcal{B}' = \{B_x : x \in U_1 \bigcap U_2\} \subset \mathcal{B}$, 则有 $U_1 \bigcap U_2 = \bigcup \mathcal{B}'$, 这样 $U_1 \bigcap U_2 \in \mathcal{T}$.

(3) 任意 $\mathcal{U} \subset \mathcal{T}$, 对任意 $U \in \mathcal{U}$, 存在 $\mathcal{B}_U \subset \mathcal{B}$, 使得 $U = \bigcup \mathcal{B}_U$. 这样 $\bigcup \mathcal{U} = \bigcup \{\bigcup \mathcal{B}_U : U \in \mathcal{U}\} = \bigcup(\bigcup\{\mathcal{B}_U : U \in \mathcal{U}\})$, 而 $\bigcup\{\mathcal{B}_U : U \in \mathcal{U}\} \subset \mathcal{B}$, 因此 $\bigcup \mathcal{U} \in \mathcal{T}$.

因此由上述可知, $\mathcal{T}$ 是 X 的拓扑, 对任意 $B \in \mathcal{B}, B = \bigcup\{B\}$, 因此 $B \in \mathcal{T}$. 由此可知 $\mathcal{T}$ 是由 $\mathcal{B}$ 生成的, 同时 $\mathcal{B}$ 是 $\mathcal{T}$ 的基.

实际上在构造实数直线 R 的通常拓扑时就是用的此方法. 先令 $\mathcal{B} = \{(a,b) : a < b, a, b \in Q\} \bigcup \{\varnothing\}$. 再令 $\mathcal{T} = \{U : \text{存在 } \mathcal{B}_U \subset \mathcal{B}, \text{ 使得 } U = \bigcup \mathcal{B}_U\}$.

2.7.2 构造所需拓扑的开邻域基

$(X, \mathcal{T})$ 是拓扑空间, 对任意 $x \in X, x$ 的开邻域基 $\mathcal{B}(x)$ 具有如下性质:

(1) $\mathcal{B}(x) \neq \varnothing$;
(2) 对任意 $B \in \mathcal{B}(x)$, 有 $x \in B$;
(3) 对任意 $B_1 \in \mathcal{B}(x), B_2 \in \mathcal{B}(x)$, 存在 $B_3 \in \mathcal{B}(x)$, 使得 $x \in B_3 \subset B_1 \bigcap B_2$;
(4) 对任意 $B \in \mathcal{B}(x)$, 及任意 $y \in B$, 存在 $B_y \in \mathcal{B}(y)$, 使得 $y \in B_y \subset B$.

对于给定的集合 $X, x \in X$, 构造 $\mathcal{B}(x)$, 让其满足上面的 (1)~(4), 再令 $\mathcal{T} = \{U : U \subset X \text{ 且对任意 } x \in U, \text{ 存在 } B \in \mathcal{B}(x), \text{ 使得 } x \in B \subset U\} \bigcup \{\varnothing\}$.

容易验证 $\mathcal{T}$ 满足拓扑的三个条件. 由性质 (4) 可知, 对任意 $x \in X$ 及 $B \in \mathcal{B}(x)$, 有 $B \in \mathcal{T}$. 因此 $\mathcal{B}(x)$ 正是所构造拓扑的开邻域基.

2.7 生成拓扑的方法

下面看一些具体的例子.

例 2.34 $X = R$, 对任意 $x \in X$, 定义 $\mathcal{B}(x) = \{[x, r) : r > x, r \in Q\}$. $\mathcal{T}_s = \{U:$ 对任意 $x \in U$, 存在 $r > x, r \in Q$, 使得 $x \in [x, r) \subset U\} \bigcup \{\varnothing\}$. 称 $(R, \mathcal{T}_s)$ 为 Sorgenfrey 直线. 则 Sorgenfrey 直线是第一可数空间, 但不是第二可数空间.

证明 很显然 Sorgenfrey 直线是第一可数空间.

下面说明 Sorgenfrey 直线不是第二可数空间.

(1) 首先说明 R 是不可数集.

由例 1.38 知道, $Y = \prod_{n \in N} A_n$ 是不可数集, 其中 $A_n = \{0, 1\}, n \in N$. 对任意 $y \in Y, y = (y_n : n \in N), y_n \in \{0, 1\}$. 定义 $g : Y \to R$, 满足 $g(y) = 0.y_1 y_2 \cdots y_n \cdots$, 显然 g 是一单映射, 这样 R 是不可数集.

(2) $\mathcal{B} = \{[x, r) : r > x, r \in Q, x \in R\} \bigcup \{\varnothing\}$ 是 $(R, \mathcal{T}_s)$ 的基. 假若 $(R, \mathcal{T}_s)$ 是第二可数空间, 则由定理 2.6 可知, 存在 $\mathcal{B}_0 \subset \mathcal{B}, |\mathcal{B}_0| \leqslant \omega, \mathcal{B}_0$ 也是 $(R, \mathcal{T}_s)$ 的基. 令 $\mathcal{B}_0 = \{[x_n, r_n) : n \in N\} \bigcup \{\varnothing\}$, 其中 $r_n \in Q, r_n > x_n, n \in N$. 由于 R 是不可数集, 因此存在 $x \in R, x \neq x_n, n \in N$. 若 $r_0 > x$, 则 $[x, r_0)$ 是含 x 的开集, 对任意 $n \in N$, 如果 $x \in [x_n, r_n)$, 则 $[x_n, r_n) \not\subset [x, r_0)$, 这与 $\mathcal{B}_0$ 是 $(R, \mathcal{T}_s)$ 的基矛盾. 因此 $(R, \mathcal{T}_s)$ 不是第二可数空间. □

例 2.35 (Niemytzki 半平面) 令 X 为 R^2 的上半平面并包含 x 轴, 即 $X = \{(x, y) : y \geqslant 0, -\infty < x < +\infty\}$. 当 $y \neq 0$ 时, 令 $\mathcal{B}((x, y)) = \{B_\varepsilon((x, y)) \bigcap X : \varepsilon > 0\}$; 当 $y = 0$ 时, 令 $\mathcal{B}((x, y)) = \{B_\varepsilon((x, \varepsilon)) \bigcup \{(x, 0)\} : \varepsilon > 0\}$, 其中 $B_\varepsilon((x, y)) = \{(p, q) : (p, q) \in R^2$ 且 $\sqrt{(p - x)^2 + (q - y)^2} < \varepsilon\}$. 很容易看出在此开邻域基下生成的拓扑是第一可数空间.

例 2.36 X_1 是一不可数集, $x_0 \notin X_1, X = X_1 \bigcup \{x_0\}$, 对 $x \in X_1$, 令 $\mathcal{B}(x) = \{\{x\}\}$; 对点 x_0, 令 $\mathcal{B}(x_0) = \{\{x_0\} \bigcup A : |X_1 \setminus A| \leqslant \omega, A \subset X_1\}$. X 的拓扑由上述开邻域基生成, 令该拓扑为 $\mathcal{T}_1$, 则 $(X, \mathcal{T}_1)$ 不是第一可数空间, 但它是 Lindelöf 空间.

证明 假若 $(X, \mathcal{T}_1)$ 是第一可数空间, 则存在 $\mathcal{B}'(x_0) \subset \mathcal{B}(x_0)$, 使得 $|\mathcal{B}'(x_0)| \leqslant \omega$, 且 $\mathcal{B}'(x_0)$ 是点 x_0 的开邻域基. 令 $\mathcal{B}'(x_0) = \{\{x_0\} \bigcup A_n : n \in N\}$, 其中 $A_n \subset X_1$, $|X_1 \setminus A_n| \leqslant \omega$. 取 $x_n \in A_n, n \in N$, 则 $\{x_0\} \bigcup (X_1 \setminus \{x_n : n \in N\}) \in \mathcal{B}(x_0)$, 但对任意 $n \in N, \{x_0\} \bigcup A_n \not\subset \{x_0\} \bigcup (X_1 \setminus \{x_n : n \in N\})$, 因此 $(X, \mathcal{T}_1)$ 不是第一可数空间.

下面证明 $(X, \mathcal{T}_1)$ 是 Lindelöf 空间.

令 $\mathcal{U}$ 是 X 的任一开覆盖,则存在 $\mathcal{U}$ 中的某元 U, 使得 $x_0 \in U$, 因此存在 $B = \{x_0\} \bigcup A \in \mathcal{B}(x_0)$, 使得 $x_0 \in B \subset U$. 由于 $X_1 \setminus A$ 是可数集, 令 $X_1 \setminus A = \{y_n : n \in N\}$, 对任意 $n \in N$, 取 $U_n \in \mathcal{U}$, 使得 $y_n \in U_n$, 因此 $X = (\bigcup \{U_n : n \in N\}) \bigcup U$. 这样 $(X, \mathcal{T}_1)$ 是 Lindelöf 空间. □

2.7.3 子空间拓扑

$(X, \mathcal{T})$ 是拓扑空间, $Y \subset X$. 可以验证 $\mathcal{T}_Y = \{U \bigcap Y : U \in \mathcal{T}\}$ 具有拓扑的三条性质, 称 $(Y, \mathcal{T}_Y)$ 是拓扑空间 $(X, \mathcal{T})$ 的子空间. 对任意 $V \in \mathcal{T}_Y$, 称 V 是子空间 Y 中的开集. 因此对任意 $V \in \mathcal{T}_Y$, 存在 $U \in \mathcal{T}$, 使得 $V = U \bigcap Y$.

例如在实数直线 R 上取通常拓扑, $Y = (a, b]$, 对任意 $c \in (a, b]$, 由于 $(c, b] = (c, b+1) \bigcap (a, b]$, 因此 $(c, b]$ 是子空间 Y 中的开集.

此例说明子空间 Y 中的开集不一定是原空间 X 中的开集.

结论 2.37 $(X, \mathcal{T})$ 是拓扑空间, $Y \subset X$. 若 Y 是 X 中的开集 (闭集), 则子空间 Y 中的开集 (闭集) 也是 X 中的开集 (闭集).

此结论可由子空间的定义得出.

如果 $(X, \mathcal{T})$ 是拓扑空间, $Y \subset X$ 是空间 X 的子空间, $A \subset Y$, 用 $\overline{A}^{(Y)}$ 来表示 A 在子空间 Y 中的闭包.

定理 2.38 $(X, \mathcal{T})$ 是拓扑空间, $Y \subset X$, $A \subset Y$, 则 $\overline{A}^{(Y)} = \overline{A} \bigcap Y$.

证明 由于 $(X \setminus \overline{A}) \bigcap Y$ 是子空间 Y 中的开集, 因此 $Y \setminus ((X \setminus \overline{A}) \bigcap Y) = \overline{A} \bigcap Y$ 是 Y 中的闭集, 且有 $A \subset \overline{A} \bigcap Y$, 于是有 $\overline{A}^{(Y)} \subset \overline{A} \bigcap Y$. 另一方面, 对于任意 $x \in \overline{A} \bigcap Y$, 则对子空间 Y 中含 x 的开集 V, 存在 X 中的开集 U, 使得 $V = U \bigcap Y$, 于是 $U \bigcap A \neq \varnothing$, 而 $A \subset Y$, 因此 $(U \bigcap Y) \bigcap A \neq \varnothing$. 这样 $V \bigcap A \neq \varnothing$, 因此 $x \in \overline{A}^{(Y)}$, $\overline{A} \bigcap Y \subset \overline{A}^{(Y)}$. 因此 $\overline{A} \bigcap Y = \overline{A}^{(Y)}$. □

推论 2.39 $(X, \mathcal{T})$ 是拓扑空间, $Y \subset X$, $A \subset Y$, 如果 A 是子空间 Y 的闭子集, 则 $A = \overline{A} \bigcap Y$.

如果 $(X, \mathcal{T})$ 是拓扑空间, $Z \subset Y \subset X$, 那么 Z 作为 Y 的子空间拓扑与 Z 作为 X 的子空间拓扑是一致的.

下面研究空间 X 所具有的性质,并观察其子空间是否具有该性质.

定理 2.40 如果空间 X 是第二可数 (第一可数) 空间,则子空间 Y 也是第二可数 (第一可数) 空间.

证明 只需把 X 的可数基 (每个点的可数开邻域基) 中的每一元与 Y 作交,即可得到子空间 Y 的可数基 (每个点的可数开邻域基). □

但是,即使空间 X 是 Lindelöf 空间,其子空间也不一定是 Lindelöf 空间. 例 2.36 中的空间 X 是 Lindelöf 空间,但子空间 X_1 不是 Lindelöf 空间.

如果空间 X 具有某性质 $\mathcal{P}$, X 的子空间也具有性质 $\mathcal{P}$,则称此性质 $\mathcal{P}$ 是遗传的,因此 Lindelöf 性质不是遗传的.

下面说明可分性质不是遗传的.

例 2.41 $X = R = Q \bigcup I$,其中 Q 是有理数集,I 是无理数,对于 $x \in Q$,令 $\mathcal{B}(x) = \left\{ \left(x - \frac{1}{n}, x + \frac{1}{n}\right) \bigcap Q : n \in N \right\}$; 对于 $x \in I$,令 $\mathcal{B}(x) = \left\{ \left(\left(x - \frac{1}{n}, x + \frac{1}{n}\right) \bigcap Q\right) \bigcup \{x\} : n \in N \right\}$. 则 $\overline{Q} = X$,因此 X 是可分空间. 但对于子空间 I 中的任一点 x,$\left[\left(\left(x - \frac{1}{n}, x + \frac{1}{n}\right) \bigcap Q\right) \bigcup \{x\}\right] \bigcap I = \{x\}$ 对 $n \in N$ 成立,因此 $\{x\}$ 是子空间 I 中的开集,$|I| > \omega$,因此子空间 I 不是可分空间.

2.7.4 子基生成的拓扑

空间 X 的一集族 φ,如果满足: (1) $\varnothing \in \varphi$; (2) $\bigcup \varphi = X$,可令 $\mathcal{B} = \{B : 存在有限子族 \varphi_B \subset \varphi, 使得 B = \bigcap \varphi_B\}$. 则 $\mathcal{B}$ 满足:

(1) $\varnothing \in \mathcal{B}, X = \bigcup \mathcal{B}$;
(2) 若 $B_1 \in \mathcal{B}, B_2 \in \mathcal{B}$,则 $B_1 \bigcap B_2 \in \mathcal{B}$.

因此 $\mathcal{B}$ 可作为某拓扑 $\mathcal{T}$ 的基,称 φ 为该拓扑 $\mathcal{T}$ 的子基,且称 $\mathcal{B}$ 是由子基 φ 生成的基,$\mathcal{T}$ 是由子基 φ 生成的拓扑 (有时把子基称为次基).

例如在 R 上取通常拓扑,$Y = [a, b]$,则子空间 Y 上的拓扑可由子基 $\varphi = \{[a, c) : c \in (a, b)\} \bigcup \{(c, b] : c \in (a, b)\} \bigcup \{\varnothing\}$ 生成.

2.7.5 积空间

前面已提到笛卡儿积的概念. 若 X_α 是一集合, $\alpha \in \Lambda$, 则 $\prod_{\alpha \in \Lambda} X_\alpha = \{x = (x_\alpha : \alpha \in \Lambda) :$ 其中 $x_\alpha \in X_\alpha, \alpha \in \Lambda\}$.

对任意 $\alpha_0 \in \Lambda$, 定义投影映射 $P_{\alpha_0} : \prod_{\alpha \in \Lambda} X_\alpha \to X_{\alpha_0}$, 满足 $P_{\alpha_0}(x) = x_{\alpha_0}$. 如果 $U_{\alpha_0} \subset X_{\alpha_0}$, 定义 $P_{\alpha_0}^{-1}(U_{\alpha_0}) = \prod_{\alpha \in \Lambda} Y_\alpha$, 其中, 当 $\alpha \neq \alpha_0$ 时, $Y_\alpha = X_\alpha$; 当 $\alpha = \alpha_0$ 时, $Y_\alpha = U_{\alpha_0}$.

$(X_1, \mathcal{T}_1), (X_2, \mathcal{T}_2)$ 是拓扑空间, 在集合 $X_1 \times X_2$ 上的拓扑 $\mathcal{T}$ 是以 $\mathcal{B} = \{U_1 \times U_2 : U_1 \in \mathcal{T}_1, U_2 \in \mathcal{T}_2\}$ 为基生成的拓扑, 称 $\mathcal{T}$ 是 $(X_1, \mathcal{T}_1)$ 与 $(X_2, \mathcal{T}_2)$ 的积空间拓扑. 如果 $\mathcal{B}_i$ 是空间 X_i 的基, $i = 1, 2$, 则 $\mathcal{B}' = \{B_1 \times B_2 : B_i \in \mathcal{B}_i, i = 1, 2\}$ 也是积拓扑 $\mathcal{T}$ 的基.

例 2.42 $X_1 = X_2 = R$, 取通常拓扑. $X = X_1 \times X_2 = R^2$, X 的拓扑 $\mathcal{T}_1$ 是由基 $\mathcal{B}_1$ 生成的, 其中 $\mathcal{B}_1 = \{U \times V : U \ \text{与}\ V \ \text{是}\ R \ \text{中的开集}\}$. 可以验证, X 上由 $\mathcal{B}_1$ 生成的拓扑 $\mathcal{T}_1$ 与下述 $\mathcal{B}_2$ 生成的拓扑 $\mathcal{T}_2$ 等价 (两拓扑等价是指两拓扑相同), 其中 $\mathcal{B}_2 = \{B_\varepsilon((x,y)) : \varepsilon > 0, x, y \in R\}$, $B_\varepsilon((x,y)) = \{(x',y') : (x',y') \in R^2 \ \text{且}\ \sqrt{(x'-x)^2 + (y'-y)^2} < \varepsilon\}$.

证明 令 $\mathcal{B}_1$ 生成的拓扑为 $\mathcal{T}_1$, $\mathcal{B}_2$ 生成的拓扑为 $\mathcal{T}_2$. 对任意 $O_1 \in \mathcal{T}_1$, 不妨设 $O_1 \neq \varnothing$. 对于点 $P(x,y) \in O_1$, 则存在 R 中的开集 U 与 V, 使得 $(x,y) \in U \times V \subset O_1$, 于是存在 $\varepsilon > 0$, 使得 $(x,y) \in (x-\varepsilon, x+\varepsilon) \times (y-\varepsilon, y+\varepsilon) \subset U \times V \subset O_1$. 于是 $(x,y) \in B_\varepsilon((x,y)) \subset (x-\varepsilon, x+\varepsilon) \times (y-\varepsilon, y+\varepsilon) \subset U \times V \subset O_1$, 因此 $O_1 \in \mathcal{T}_2$. 对任意 $O_2 \in \mathcal{T}_2$, 不妨设 $O_2 \neq \varnothing$. 对于点 $P(x,y) \in O_2$, 存在 $\varepsilon > 0$ 使得 $(x,y) \in B_\varepsilon((x,y)) \subset O_2$. 于是 $(x,y) \in \left(x - \frac{\varepsilon}{\sqrt{2}}, x + \frac{\varepsilon}{\sqrt{2}}\right) \times \left(y - \frac{\varepsilon}{\sqrt{2}}, y + \frac{\varepsilon}{\sqrt{2}}\right) \subset B_\varepsilon((x,y)) \subset O_2$, 因此 $O_2 \in \mathcal{T}_1$. 这样 $\mathcal{T}_1 = \mathcal{T}_2$. □

对于有限个拓扑空间 $(X_i, \mathcal{T}_i), i \leqslant n$, 积集 $X = \prod_{i \leqslant n} X_i$, 其上的拓扑 $\mathcal{T}$ 是由基 $\mathcal{B} = \left\{ \prod_{i \leqslant n} B_i : B_i \in \mathcal{T}_i, i \leqslant n \right\}$ 生成的, 称此拓扑为有限积拓扑.

值得注意的是: $\prod_{i \leqslant n} B_i$ (其中 $B_i \in \mathcal{T}_i, i \leqslant n$) 是 $X = \prod_{i \leqslant n} X_i$ 的开集, 但并非 X

2.7 生成拓扑的方法

中的开集都是这样的形式. 例如在 R^2 中, $A = \{(x, y): \sqrt{x^2 + y^2} < 1\}$ 是开集, 但它不能写成 $A_1 \times A_2$ 的形式, 其中 A_1 与 A_2 是 R 中的开集.

下面介绍任意多个拓扑空间的积空间.

$(X_\alpha, \mathcal{T}_\alpha)$ 是拓扑空间, $\alpha \in \Lambda$, $X = \prod_{\alpha \in \Lambda} X_\alpha$ 的拓扑 $\mathcal{T}$ 是以 $\varphi = \{P_\alpha^{-1}(U_\alpha) : \alpha \in \Lambda, U_\alpha \in \mathcal{T}_\alpha\}$ 为子基生成的拓扑, 此拓扑也称为笛卡儿积拓扑. φ 既然是子基, 若 $\mathcal{B}$ 是 φ 中所有有限个元的交构成的集族, 则 $\mathcal{B}$ 是 $\mathcal{T}$ 的基. 因此对任意 $B \in \mathcal{B}$, 存在某个 $n \in N$, 与 $\alpha_i \in \Lambda, i \leqslant n$, 及 $U_{\alpha_i} \in \mathcal{T}_{\alpha_i}$, 使得 $B = \bigcap_{i \leqslant n} P_{\alpha_i}^{-1}(U_{\alpha_i}) = \prod_{\alpha \in \Lambda} Y_\alpha$, 其中当 $\alpha \neq \alpha_i$ 时, $Y_\alpha = X_\alpha$; 当 $\alpha = \alpha_i$ 时, $Y_\alpha = U_{\alpha_i}, i \leqslant n$.

为了更好地熟悉积空间, 下面讨论一些积空间的性质.

定理 2.43 $(X_\alpha, \mathcal{T}_\alpha)$ 是拓扑空间, $\alpha \in \Lambda$. 若 F_α 是 X_α 中的闭集, $\alpha \in \Lambda$, 则 $F = \prod_{\alpha \in \Lambda} F_\alpha$ 是 $X = \prod_{\alpha \in \Lambda} X_\alpha$ 的闭集.

证明 不妨设 $\prod_{\alpha \in \Lambda} X_\alpha \setminus \prod_{\alpha \in \Lambda} F_\alpha \neq \varnothing$, 对任意 $x = (x_\alpha : \alpha \in \Lambda) \in \prod_{\alpha \in \Lambda} X_\alpha \setminus \prod_{\alpha \in \Lambda} F_\alpha$, 则一定存在 $\alpha_0 \in \Lambda$, 使得 $x_{\alpha_0} \in X_{\alpha_0} \setminus F_{\alpha_0}$.

令 $U_{\alpha_0} = X_{\alpha_0} \setminus F_{\alpha_0}$, 则 $U_{\alpha_0} \bigcap F_{\alpha_0} = \varnothing$, 因此 $P_{\alpha_0}^{-1}(U_{\alpha_0}) \bigcap F = \varnothing$, 而 $P_{\alpha_0}^{-1}(U_{\alpha_0})$ 是积空间中的开集, 且 $x \in P_{\alpha_0}^{-1}(U_{\alpha_0})$, 因此 $F = \prod_{\alpha \in \Lambda} F_\alpha$ 是 $\prod_{\alpha \in \Lambda} X_\alpha$ 中的闭集. □

定理 2.44 $(X_\alpha, \mathcal{T}_\alpha)$ 是拓扑空间, $\alpha \in \Lambda$. 若 $A_\alpha \subset X_\alpha, \alpha \in \Lambda$, 则 $\overline{\prod_{\alpha \in \Lambda} A_\alpha} = \prod_{\alpha \in \Lambda} \overline{A_\alpha}$.

证明 由定理 2.43 可知, $\prod_{\alpha \in \Lambda} \overline{A_\alpha}$ 是闭集, 因此 $\overline{\prod_{\alpha \in \Lambda} A_\alpha} \subset \prod_{\alpha \in \Lambda} \overline{A_\alpha}$. 对任意 $x = (x_\alpha : \alpha \in \Lambda) \in \prod_{\alpha \in \Lambda} \overline{A_\alpha}$, 则 $x_\alpha \in \overline{A_\alpha}, \alpha \in \Lambda$.

对积空间中含点 x 的任意开集 U, 存在基中的元 B, 使得 $x \in B \subset U$, 其中 $B = \bigcap_{i \leqslant n} P_{\alpha_i}^{-1}(U_{\alpha_i}) = \prod_{\alpha \in \Lambda} Y_\alpha$, 其中当 $\alpha \neq \alpha_i$ 时, $Y_\alpha = X_\alpha$; 当 $\alpha = \alpha_i$ 时, $Y_\alpha = U_{\alpha_i}, i \leqslant n$. 因此当 $\alpha = \alpha_i$ 时, $U_{\alpha_i} \bigcap A_{\alpha_i} \neq \varnothing$, 令 $y_{\alpha_i} \in U_{\alpha_i} \bigcap A_{\alpha_i}, i \leqslant n$; 当

$\alpha \neq \alpha_i$ 时,取 $y_\alpha \in A_\alpha$. 令 $y = (y'_\alpha : \alpha \in \Lambda)$,满足当 $\alpha = \alpha_i$ 时 $y'_\alpha = y_{\alpha_i}$,当 $\alpha \neq \alpha_i$ 时 $y'_\alpha = y_\alpha$. 则 $y \in B \bigcap \prod_{\alpha \in \Lambda} A_\alpha$,这样 $B \bigcap \prod_{\alpha \in \Lambda} A_\alpha \neq \varnothing$,于是 $x \in \overline{\prod_{\alpha \in \Lambda} A_\alpha}$. 因此 $\prod_{\alpha \in \Lambda} \overline{A_\alpha} \subset \overline{\prod_{\alpha \in \Lambda} A_\alpha}$. 这样就证明了 $\overline{\prod_{\alpha \in \Lambda} A_\alpha} = \prod_{\alpha \in \Lambda} \overline{A_\alpha}$. □

由上述定理很容易知道,若 $(X_n, \mathcal{T}_n)$ 是可分空间,$n \leqslant m, m \in N$,则 $\prod_{n \leqslant m} X_n$ 是可分空间. 实际上有如下定理:

定理 2.45 若 $(X_n, \mathcal{T}_n)$ 是可分空间,$n \in N$,则 $\prod_{n \in N} X_n$ 是可分空间.

证明 令 $D_n \subset X_n, |D_n| \leqslant \omega, \overline{D_n} = X_n, n \in N$. 取 $a_n \in X_n, n \in N$,令 $A_n = \prod_{m \in N} B_m$,其中,当 $m \leqslant n$ 时,$B_m = D_m$;当 $m > n$ 时,$B_m = \{a_m\}$. 则 $|A_n| \leqslant \omega$. 令 $A = \bigcup \{A_n : n \in N\}$,则 A 是可数集.

对 $\prod_{n \in N} X_n$ 中的任一点 $x = (x_n : n \in N)$ 及含点 x 的任一开集 U,存在 $m \in N$,且对 $n \leqslant m, V_n$ 是 X_n 中含点 x_n 的开集,使得 $x \in \bigcap_{n \leqslant m} P_n^{-1}(V_n) = \prod_{n \in N} Y_n \subset U$,其中,当 $n \leqslant m$ 时,有 $Y_n = V_n$;当 $n > m$ 时,有 $Y_n = X_n$. 对 $n \leqslant m$,取 $b_n \in V_n \bigcap D_n$;对 $n > m$,取 $b_n = a_n$. 则点 $b = (b_n : n \in N) \in A_m \bigcap \prod_{n \in N} Y_n \subset U \bigcap A_m \subset U \bigcap A$,因此 $\overline{A} = \prod_{n \in N} X_n$,说明 $\prod_{n \in N} X_n$ 是可分空间. □

定理 2.46 若 $(X_n, \mathcal{T}_n)$ 是第一可数空间,$n \in N$,则 $X = \prod_{n \in N} X_n$ 是第一可数空间.

证明 对任意 $x = (x_n : n \in N) \in X$,则 $x_n \in X_n, n \in N$. 令 $\mathcal{B}(x_n) = \{U_n^m : m \in N\}$ 是点 x_n 在 X_n 中的可数开邻域基,不妨设 $U_n^{m+1} \subset U_n^m$. 令 $V_n = \prod_{p \in N} V'_p$,其中,当 $p \leqslant n$ 时,$V'_p = U_p^n$;当 $p > n$,时 $V'_p = X_p$. 则 $x \in V_n, \{V_n : n \in N\}$ 是点 x 在积空间中的可数开邻域基. 这是因为对含点 x 的任一开集 $O \subset \prod_{n \in N} X_n$,存在 $n \in N$ 及开集 $U_i \subset X_i, i \leqslant n$,使得 $x \in \bigcap_{i \leqslant n} P_i^{-1}(U_i) \subset O$. 由于对 $i \leqslant n, x_i \in U_i$,因此存在 $U_i^{m_i} \in \mathcal{B}(x_i)$,使得 $x_i \in U_i^{m_i} \subset U_i$. 令 $m = \max\{\{m_i : i \leqslant n\} \bigcup \{n\}\}$,则对

每个 $i \leqslant n$, 都有 $x_i \in U_i^m \subset U_i$, 于是 $x \in V_m \subset O$. □

定理 2.47 若 $(X_n, \mathcal{T}_n)$ 是第二可数空间, $n \in N$, 则 $X = \prod_{n \in N} X_n$ 是第二可数空间.

证明 令 $\mathcal{B}_n$ 是 X_n 的可数基, 知 $\varphi = \{P_n^{-1}(B) : B \in \mathcal{B}_n, n \in N\}$ 是积空间 X 的子基, 且 $|\varphi| \leqslant \omega$. 令 $\mathcal{B}$ 是 φ 中所有有限个元的交构成的集族, 则 $\mathcal{B}$ 是 X 的基, 由定理 1.41 可知, $\mathcal{B}$ 是可数集族. 因此 X 是第二可数空间. □

下面说明 Lindelöf 空间的积空间不一定是 Lindelöf 空间, 这里用 Sorgenfrey 直线的积空间来说明. 下面将用 S 代替 Sorgenfrey 直线.

引理 2.48 S 是 Lindelöf 空间.

证明 对 S 的任意开覆盖 $\mathcal{U}$, 任意 $x \in S$, 都存在 $U_x \in \mathcal{U}$, 使得 $x \in U_x$. 于是存在 $r_x > x$, 使得 $x \in [x, r_x) \subset U_x$. 这样 $\{[x, r_x) : x \in S\}$ 是 S 的开覆盖. 令 $A = \{x : $ 存在 $y_x \in S$, 使得 $x \in (y_x, r_{y_x})\}$, 对任意 $y_1, y_2 \in S \setminus A$, 不妨设 $y_1 < y_2$, 则 $y_2 \notin (y_1, r_{y_1})$, 因此 $(y_1, r_{y_1}) \bigcap (y_2, r_{y_2}) = \varnothing$. 由于 R 在通常拓扑下是可分空间, 因此 R 中两两不相交的开集族一定是可数集族. 因此 $|S \setminus A| \leqslant \omega$.

由于 $A \subset R$, R 在通常拓扑下是第二可数空间, 因此 A 作为 R 的子空间是第二可数空间. 于是子空间 A 是 Lindelöf 空间. $A \subset \bigcup\{(y_x, r_{y_x}) : x \in A\}$, 因此存在 $y_{x_i}, i \in N$, 使得 $A \subset \bigcup\{(y_{x_i}, r_{y_{x_i}}) : i \in N\}$, 于是 $A \subset \bigcup\{[y_{x_i}, r_{y_{x_i}}) : i \in N\}$. 对任意 $x \in S \setminus A$, $x \in [x, r_x)$, 且 $|S \setminus A| \leqslant \omega$. 因此 $S = (\bigcup\{[y_{x_i}, r_{y_{x_i}}) : i \in N\}) \bigcup (\bigcup\{[x, r_x) : x \in S \setminus A\})$, 因此 S 是 Lindelöf 空间. □

引理 2.49 Lindelöf 空间的闭子空间是 Lindelöf 空间.

证明 X 是 Lindelöf 空间, $F \subset X$, F 是 X 的闭子空间. 对子空间 F 的任意开覆盖 $\mathcal{U}$, $F = \bigcup \mathcal{U}$. 对任意 $U \in \mathcal{U}$, 存在 X 中的开集 V_U, $V_U \bigcap F = U$, 这样 $F \subset \bigcup\{V_U : U \in \mathcal{U}\}$. 因此 $X = (\bigcup\{V_U : U \in \mathcal{U}\}) \bigcup (X \setminus F)$, X 是 Lindelöf 空间, 于是存在 $U_i \in \mathcal{U}, i \in N$, 使得 $X = (\bigcup\{V_{U_i} : i \in N\}) \bigcup (X \setminus F)$, 这样 $F \subset \bigcup\{V_{U_i} : i \in N\}$, 于是 $F = \bigcup\{U_i : i \in N\}$. 这样 F 是 Lindelöf 空间. □

结论 2.50 S^2 不是 Lindelöf 空间.

证明 由于 $F = \{(x, -x) : x \in S\}$ 是 S^2 中的闭离散子空间, $|F| > \omega$, 因此 F

不是 Lindelöf 空间. 由引理 2.49 可知 S^2 不是 Lindelöf 空间. □

需要说明的是不可数个第一可数空间的积空间不一定是第一可数空间.

例 2.51 ω_1 是第一不可数极限序数, 对任意 $\alpha \in \omega_1$, 令 $X_\alpha = \{0,1\}$ 取离散拓扑. 则 $X = \prod\limits_{\alpha \in \omega_1} X_\alpha$ 不是第一可数空间.

证明 令 $0 = (x_\alpha : \alpha \in \omega_1)$, 其中 $x_\alpha = 0, \alpha \in \omega_1$. 假若 0 在 X 中存在可数开邻域基 $\mathcal{B}(0) = \{B_n : n \in N\}$, 对任意 $n \in N$, 不妨令 $B_n = \bigcap\limits_{i=1}^{m_n} P^{-1}_{\alpha_{n_i}}(\{0\})$, 其中 $m_n \in N$, $\alpha_{n_i} \in \omega_1, 1 \leqslant i \leqslant m_n$. 如果令 $A = \bigcup \{\alpha_{n_i} : 1 \leqslant i \leqslant m_n, n \in N\}$, 则 $|A| \leqslant \omega$ 且 $A \subset \omega_1$. 对任意 $\beta \in \omega_1 \backslash A$, $P^{-1}_\beta(\{0\})$ 是含点 0 的开集. 对任意 $n \in N$, 由于 $\beta \notin A$, 因此 $P_\beta(B_n) = \{0,1\}$, 这样 $B_n \not\subset P^{-1}_\beta(\{0\})$. 因此 $\prod\limits_{\alpha \in \omega_1} X_\alpha$ 不是第一可数空间. □

2.8 几种可数性间的相互关系

已知每个第二可数空间都是 Lindelöf 空间, 也都是第一可数空间.

定理 2.52 每个第二可数空间都是可分空间.

证明 设 X 是第二可数空间, 令 $\mathcal{B}$ 是 X 的可数基. 对每个 $B \in \mathcal{B}$, 若 $B \neq \varnothing$, 则令 $x_B \in B$. 这样 $D = \{x_B : B \in \mathcal{B} \backslash \{\varnothing\}\}$ 是可数集. 对于 X 中的任意非空开集 U, 及任意 $y \in U$, 存在 $B \in \mathcal{B}$, 使得 $y \in B \subset U$, 因此 $x_B \in U$, 这样 $U \bigcap D \neq \varnothing$, 于是 $\overline{D} = X$. 因此 X 是可分空间. □

于是每个第二可数空间都是 Lindelöf 空间, 也都是第一可数空间及可分空间. 但反之不一定成立, 下面是一些反例.

(1) Sorgenfrey 直线是可分的 Lindelöf 空间但不是第二可数空间;

(2) S^2 是可分空间但不是 Lindelöf 空间;

(3) 若 X 是离散拓扑空间, 且 $|X| > \omega$, 则 X 是第一可数空间, 但 X 不是第二可数空间, 也不是可分空间;

(4) 例 2.36 中的空间 X 是 Lindelöf 空间但不是第一可数空间, 也不是可分空间;

(5) 如果 X 是不可数集, $\mathcal{T} = \{A : A \subset X, |X \backslash A| < \omega\} \bigcup \{\varnothing\}$, 则 $(X, \mathcal{T})$ 是可分空间但不是第一可数空间.

练 习

2.1 可分空间的每个开子空间也都是可分空间.

2.2 每个第一可数 (第二可数) 空间的子空间也都是第一可数 (第二可数) 空间.

2.3 如果空间 X 的每个开子空间都是 Lindelöf 空间, 则 X 是遗传 Lindelöf 空间.

2.4 若 $X = R$, R 的拓扑为通常拓扑, $A = Q$, 写出 A 的边缘 $\mathrm{Fr}(A)$.

2.5 拓扑空间 X 的子集的导集是闭集当且仅当单点集 $\{x\}(x \in X)$ 的导集是闭集.

2.6 证明可分空间满足可数链条件, 但反之不成立 (如果拓扑空间 X 满足每个互不相交的开集构成的集族是可数的, 则称 X 满足可数链条件).

2.7 令 $\{A_s\}_{s \in S}$ 是空间 X 中的局部有限集族, 证明 $\mathrm{Fr}(\bigcup\{A_s : s \in S\}) \subset \bigcup\{\mathrm{Fr}(A_s) : s \in S\}$.

2.8 U 是拓扑空间 X 中的开集, $A \subset X$, 证明 $\overline{U \cap \overline{A}} = \overline{U \cap A}$.

2.9 如果 X 是不可数集, $\mathcal{T} = \{A : A \subset X, |X \setminus A| < \omega\} \bigcup \{\varnothing\}$, 若 A 是 X 中的无限集, 写出 $\overline{A}$ 与 A^d.

2.10 X 是拓扑空间, $A \subset X$. 子空间 A 是 Lindelöf 空间当且仅当对于 X 中的任意开集族 $\mathcal{U}$, 若 $A \subset \bigcup \mathcal{U}$, 则存在可数子族 $\mathcal{U}_1 \subset \mathcal{U}$, 使得 $A \subset \bigcup \mathcal{U}_1$.

2.11 若 $n \in N$, 对每个 $m \leqslant n$, X_m 都是可分空间, 证明 $\prod_{m \leqslant n} X_m$ 是可分空间.

2.12 R 是实数直线, 拓扑是通常拓扑, 下列集合 A 是否是开集?

(1) $A = (1, 2)$;

(2) $A = (1, 2) \cup \{3\}$;

(3) $A = Q$, 其中 Q 是有理数集;

(4) $A = [3, 4)$;

(5) $A = R \setminus \left\{\dfrac{1}{n} : n \in N\right\}$;

(6) $A = R \setminus Z$;

(7) $A = (1, 3] \cup (2, 4)$;

(8) $A = R \setminus \left(\left\{\dfrac{1}{n} : n \in N\right\} \cup \{0\}\right)$.

2.13 证明: 空间 X 是离散空间当且仅当 X 中的每个单点集是开集.

2.14 R 是实数直线, 拓扑是通常拓扑, 下列集合 A 是否是闭集?

(1) $A = [1, 2]$;

(2) $A = [1, 2] \cup \{3\}$;

(3) $A = Q$, 其中 Q 是有理数集;

(4) $A = [3, 4)$;

(5) $A = R \setminus \left\{\dfrac{1}{n} : n \in N\right\}$;

(6) $A = Z$;

(7) $A = [1, 3) \cup (2, 4]$;

(8) $A = \left\{\dfrac{1}{n} : n \in N\right\}$;

(9) $A = \left\{\dfrac{1}{n} : n \in N\right\} \cup \{0\}$;

(10) $A = \left\{6 - \dfrac{1}{n} : n \in N\right\} \cup \{4\}$.

2.15 证明 R 在通常拓扑下是第二可数空间.

2.16 证明 R 在通常拓扑下是第一可数空间.

2.17 R 是实数直线,拓扑是通常拓扑,$A \subset R$,分别写出 $\overline{A}$, A^d, A°, $Fr(A)$.

(1) $A = (1, 2)$;

(2) $A = (1, 2) \cup \{3\}$;

(3) $A = Q$,其中 Q 是有理数集;

(4) $A = [3, 4)$;

(5) $A = \left\{\dfrac{1}{n} : n \in N\right\}$;

(6) $A = \{\pi\}$;

(7) $A = Z$;

(8) $A = \left\{2 - \dfrac{1}{n} : n \in N\right\}$;

(9) $A = I$,其中 I 是无理数集;

(10) $A = \left\{\dfrac{1}{n} : n \in N\right\} \cup \{0\}$;

(11) $A = \left\{6 - \dfrac{1}{n} : n \in N\right\} \cup \{4\}$.

2.18 R 是实数直线,拓扑是通常拓扑,$A \subset R^2$,分别写出 $\overline{A}$, A^d, A°, $Fr(A)$.

(1) $A = (1, 2) \times (3, 4)$;

(2) $A = (1, 2) \times \{3\}$;

(3) $A = Q \times Q$,其中 Q 是有理数集;

(4) $A = \{\langle x, y \rangle : x^2 + y^2 < 4\}$;

(5) $A = \{\langle x, y \rangle : x + y = 4\}$;

(6) $A = R \times \{0\}$.

2.19 证明 R^2 是可分空间.

2.20 证明 R^2 是第一可数空间.

2.21 证明 Lindelöf 空间的闭子空间是 Lindelöf 空间.

2.22 R 是实数直线,拓扑是通常拓扑,证明 R 的每个开子空间都是可分空间.

2.23 R 是实数直线,拓扑是通常拓扑. 如果 $A \subset R$ 且 $c = \sup A$ (c 是 A 的上确界),证明 $c \in \overline{A}$.

第 3 章 连 续 映 射

在学数学分析的时候,我们学过连续函数的概念. $y = f(x)$ 是一函数,$x_0 \in R$,如果对任意 $\varepsilon > 0$,都存在 $\delta > 0$,当 $|x - x_0| < \delta$ 时,有 $|f(x) - f(x_0)| < \varepsilon$,则称 $f : R \to R$ 在点 x_0 是连续的,如果 f 在 R 上的每一点都是连续的,则称 f 是 R 上的连续函数.

定义 3.1 X 与 Y 是拓扑空间,$f : X \to Y$ 是一映射. $x \in X, f(x) = y \in Y$,如果对于 Y 中包含点 y 的任意开集 U,都存在 X 中的开集 V_x,使得 $x \in V_x$,且 $f(V_x) \subset U$,则称映射 f 在点 x 是连续的,如果 f 在空间 X 的每一点都连续,则称 f 是连续映射.

说明 在上述定义中,若 X 与 Y 都是 R 且 R 取通常拓扑,则定义 3.1 中在点 x_0 连续的定义与数学分析中在点 x_0 连续的定义是等价的.

若 $f : R \to R$ 在点 x_0 满足:对任意 $\varepsilon > 0$,存在 $\delta > 0$,当 $|x - x_0| < \delta$ 时,有 $|f(x) - f(x_0)| < \varepsilon$. 下面说明在点 x_0 该映射 f 也满足定义 3.1 的条件. 对于 R 中含点 $f(x_0)$ 的任一开集 U,存在 $\varepsilon > 0$,使得 $f(x) \in (f(x_0) - \varepsilon, f(x_0) + \varepsilon) \subset U$. 已知存在 $\delta > 0$,当 $x \in (x_0 - \delta, x_0 + \delta)$ 时,有 $|f(x) - f(x_0)| < \varepsilon$,即 $f(x) \in (f(x_0) - \varepsilon, f(x_0) + \varepsilon) \subset U$,则只需令 $V_{x_0} = (x_0 - \delta, x_0 + \delta)$ 即满足 $f(V_{x_0}) \subset U$.

另一方面,若 $f : R \to R$ 在点 x_0 满足定义 3.1 的条件,则对任意 $\varepsilon > 0$,可得到开区间 $U = (f(x_0) - \varepsilon, f(x_0) + \varepsilon)$,且 $f(x_0) \in U$. 对上述开集 U,存在 R 中开集 V_{x_0},使得 $x_0 \in V_{x_0}$ 且 $f(V_{x_0}) \subset U$. 由于 V_{x_0} 是 R 在通常拓扑下的开集,因此存在 $\delta > 0$,使得 $x_0 \in (x_0 - \delta, x_0 + \delta) \subset V_{x_0}$. 于是 $f((x_0 - \delta, x_0 + \delta)) \subset U = (f(x_0) - \varepsilon, f(x_0) + \varepsilon)$. 这样当 $|x - x_0| < \delta$ 时,有 $|f(x) - f(x_0)| < \varepsilon$. $\square$

下面关于连续映射的等价命题是经常用到的.

3.1 几种等价命题

定理 3.2 $f : X \to Y$ 是一映射,则下述条件等价:

(1) f 是连续映射;

(2) 对 Y 中的任一开集 V, $f^{-1}(V)$ 是 X 中的开集;

(3) 存在 Y 的一子基 φ, 及任一 $B \in \varphi$, $f^{-1}(B)$ 是 X 中的开集;

(4) 存在 Y 的一基 $\mathcal{B}$, 及任一 $B \in \mathcal{B}$, $f^{-1}(B)$ 是 X 中的开集;

(5) 对 Y 中的任一闭集 F, $f^{-1}(F)$ 是 X 中的闭集.

证明 "(1) $\Rightarrow$ (2)" 令 U 是 Y 中的开集, 对任意 $x \in f^{-1}(U)$, 有 $f(x) \in U$. 由 (1) 可知存在开集 V_x, 使得 $x \in V_x \subset X$, 且 $f(V_x) \subset U$. 因此 $V_x \subset f^{-1}(U)$, 这样 $f^{-1}(U) = \bigcup\{V_x : x \in f^{-1}(U)\}$, 因此 $f^{-1}(U)$ 是 X 中的开集.

"(2) $\Rightarrow$ (3)" 对于空间 Y 的拓扑 $\mathcal{T}_Y$, 对任意 $U \in \mathcal{T}_Y$, $U = \bigcap\{U\}$ 且 $U = \bigcup\{U\}$, 由此看出 $\varphi = \mathcal{T}_Y$ 是 $\mathcal{T}_Y$ 的子基. 对任意 $V \in \varphi$, 则有 $V \in \mathcal{T}_Y$, 因此 $f^{-1}(V)$ 是 X 中的开集.

"(3) $\Rightarrow$ (4)" φ 是 Y 满足条件 (3) 的子基, 令 $\mathcal{B}_1 = \{B : 存在有限集族 \mathcal{B}_B \subset \varphi,$ 使得 $B = \bigcap \mathcal{B}_B\}$, 则 $\mathcal{B}_1$ 是 Y 的基. 对任意 $B_1 \in \mathcal{B}_1$, 存在有限集族 $\mathcal{B}_{B_1} \subset \varphi$, 使得 $B_1 = \bigcap \mathcal{B}_{B_1}$, 因此 $f^{-1}(B_1) = \bigcap\{f^{-1}(C) : C \in \mathcal{B}_{B_1}\}$. 由 (3) 可知, 对每个 $C \in \mathcal{B}_{B_1}$, $f^{-1}(C)$ 是 X 中的开集, 因此 $f^{-1}(B_1)$ 是 X 中的开集.

"(4) $\Rightarrow$ (5)" 令 $\mathcal{B}$ 是 Y 的基, 使得对任一 $B \in \mathcal{B}$, $f^{-1}(B)$ 是 X 中的开集. $F \subset Y$, F 是 Y 中的闭集, 因此 $Y \setminus F$ 是 Y 中的开集. 这样存在 $\mathcal{B}_F \subset \mathcal{B}$, 使得 $Y \setminus F = \bigcup \mathcal{B}_F$, 因此 $f^{-1}(Y \setminus F) = \bigcup\{f^{-1}(B) : B \in \mathcal{B}_F\}$. 由已知, 对每一 $B \in \mathcal{B}_F$, $f^{-1}(B)$ 是 X 中的开集, 因此 $f^{-1}(Y \setminus F)$ 是 X 中的开集, 而 $f^{-1}(Y \setminus F) = X \setminus f^{-1}(F)$, 这样 $f^{-1}(F)$ 是 X 中的闭集.

"(5) $\Rightarrow$ (1)" 对任意 $x \in X$, $y = f(x) \in Y$, 令 U 是 Y 中含 y 的任一开集, 则 $F = Y \setminus U$ 是 Y 中的闭集, 由 (5) 可知, $f^{-1}(F)$ 是 X 中的闭集, 而 $f^{-1}(F) = f^{-1}(Y \setminus U) = X \setminus f^{-1}(U)$, 因此 $f^{-1}(U)$ 是 X 中的开集, 且 $x \in f^{-1}(U)$, $f(f^{-1}(U)) \subset U$. 因此 f 是连续映射. □

定理 3.2 中的 (3) 与 (4) 中的 "存在" 可换成 "任意", 这里没有用 "任意" 的原因是为了应用的方便, 因为在实际应用中, 要想证明某个映射 $f: X \rightarrow Y$ 是连续的, 只需找到空间 Y 中的某个子基或基 $\mathcal{B}$, 然后证明对每个 $B \in \mathcal{B}$, $f^{-1}(B)$ 都是 X 中的开集即可.

若 $f: X \rightarrow Y, g: Y \rightarrow Z$ 都是映射, 定义 $g \circ f(x) = g(f(x))$, 则称 $g \circ f: X \rightarrow Z$ 是 f 与 g 的复合映射. 由定理 3.2, 有下述推论:

推论 3.3 $f: X \rightarrow Y$ 与 $g: Y \rightarrow Z$ 都是连续映射, 则复合映射 $g \circ f: X \rightarrow Z$ 是连续映射.

定理 3.4 X 与 Y 都是拓扑空间，$f: X \to Y$ 是一映射，则下述条件等价：

(1) $f: X \to Y$ 是连续映射；

(2) 对任一 $A \subset X$，有 $f(\overline{A}) \subset \overline{f(A)}$；

(3) 对任一 $B \subset Y$，有 $\overline{f^{-1}(B)} \subset f^{-1}(\overline{B})$；

(4) 对任一 $B \subset Y$，有 $f^{-1}(B^\circ) \subset f^{-1}(B)^\circ$.

证明 "(1)⇒(2)" 对于 $A \subset X$，任意 $y \in f(\overline{A})$，则存在 $x \in \overline{A}$，使得 $f(x) = y$. 对含 y 的任意开集 U_y，由 (1) 可知存在 X 中的开集 V_x，使得 $x \in V_x$，且 $f(V_x) \subset U_y$. 由于 $x \in \overline{A}$，因此 $V_x \bigcap A \neq \varnothing$，令 $x_1 \in V_x \bigcap A$，则 $f(x_1) \in f(A) \bigcap f(V_x) \subset f(A) \bigcap U_y$. 因此 $U_y \bigcap f(A) \neq \varnothing$，这样 $y \in \overline{f(A)}$，于是 $f(\overline{A}) \subset \overline{f(A)}$.

"(2)⇒(3)" 对于 $B \subset Y$，由 (2) 知 $f(\overline{f^{-1}(B)}) \subset \overline{f(f^{-1}(B))} \subset \overline{B}$，因此有 $\overline{f^{-1}(B)} \subset f^{-1}(\overline{B})$.

"(3)⇒(1)" 对 Y 中的任一闭集 B，则 $\overline{B} = B$. 因此由 (3) 可知，$\overline{f^{-1}(B)} \subset f^{-1}(\overline{B}) = f^{-1}(B)$，因此 $f^{-1}(B) = \overline{f^{-1}(B)}$，这样 $f^{-1}(B)$ 是 X 中的闭集. 由定理 3.2 可知，f 是连续映射.

"(1)⇒(4)" 对于 $B \subset Y$，由于 $f^{-1}(B^\circ) \subset f^{-1}(B)$，且由 (1) 可知 $f^{-1}(B^\circ)$ 是 X 中的开集，因此 $f^{-1}(B^\circ) \subset f^{-1}(B)^\circ$.

"(4)⇒(1)" 对 Y 中的任一开集 B，$B^\circ = B$，于是 $f^{-1}(B^\circ) = f^{-1}(B)$，又由 (4) 可知 $f^{-1}(B^\circ) \subset f^{-1}(B)^\circ$，因此 $f^{-1}(B) \subset f^{-1}(B)^\circ$. 这样 $f^{-1}(B)$ 是 X 中的开集，因此由定理 3.2 可知 (1) 成立. □

如果 $f: X \to Y$ 是一映射，$A \subset X$，且 $g = f|A: A \to Y$ 满足 $g(x) = f(x)$，$x \in A$，则称 $g = f|A$ 为映射 f 在 A 上的限制. 容易证明如果 $f: X \to Y$ 是一连续映射，$A \subset X$，则 $f|A: A \to Y$ 也是连续映射.

3.2 连续映射保持的一些特殊性质

定理 3.5 对 $\alpha \in \Lambda$，$(X_\alpha, \mathcal{T}_\alpha)$ 是拓扑空间，$X = \prod_{\alpha \in \Lambda} X_\alpha$，则对每一 $\beta \in \Lambda$，投影映射 $P_\beta: X \to X_\beta$ 是连续映射.

证明 对于 X_β 中的任意开集 U_β，$P_\beta^{-1}(U_\beta) = \prod_{\alpha \in \Lambda} Y_\alpha$，其中当 $\alpha = \beta$ 时，$Y_\alpha = U_\beta$；当 $\alpha \neq \beta$ 时，$Y_\alpha = X_\alpha$. 因此 $P_\beta^{-1}(U_\beta)$ 是 X 中的开集. 这样由定理 3.2 可知，f 是连续映射. □

定理 3.6 X 是一拓扑空间，$Y = \prod_{\alpha \in \Lambda} Y_\alpha$. $f : X \to Y$ 是连续映射的充要条件是对每一 $\alpha \in \Lambda$, $P_\alpha \circ f : X \to Y_\alpha$ 是连续映射.

证明 "$\Rightarrow$" 对每个 $\alpha \in \Lambda$, 由于 P_α 是连续映射, 而 $f : X \to Y$ 是连续映射, 因此 $P_\alpha \circ f$ 是连续映射 (由推论 3.3 可知).

"$\Leftarrow$" 若对每个 $\alpha \in \Lambda$, $P_\alpha \circ f$ 是连续映射, 则对 Y_α 的任意开集 U_α, $(P_\alpha \circ f)^{-1}(U_\alpha)$ 是 X 中的开集, 因而 $(P_\alpha \circ f)^{-1}(U_\alpha) = f^{-1}(P_\alpha^{-1}(U_\alpha))$ 是 X 中的开集. 由于 $\varphi = \{P_\alpha^{-1}(U_\alpha) : U_\alpha$ 是 Y_α 中的开集, $\alpha \in \Lambda\}$ 是 Y 的子基, 因此由定理 3.2 可知 f 是连续映射. $\square$

若 X 是拓扑空间, $f : X \to R$ 与 $g : X \to R$ 都是映射, 对任意 $x \in X$, 由于 $f(x)$ 与 $g(x)$ 都是实数, 因此 $f(x)$ 与 $g(x)$ 可作和、差、积与商 (分母不为零). 因此有如下定理:

定理 3.7 映射 $f : X \to R$ 与 $g : X \to R$ 都连续, 若 $f \pm g : X \to R$ 满足 $(f \pm g)(x) = f(x) \pm g(x)$, 则 $f \pm g : X \to R$ 连续.

证明 只证 "和" 的情况, 任取 $x_0 \in X$, 对于含 $f(x_0) + g(x_0)$ 的任一开集 U, 存在 $\varepsilon > 0$, 使得 $(f(x_0) + g(x_0) - \varepsilon, f(x_0) + g(x_0) + \varepsilon) \subset U$.

由于 $f : X \to R$ 在点 x_0 连续, 因此对于开集 $\left(f(x_0) - \dfrac{\varepsilon}{2}, f(x_0) + \dfrac{\varepsilon}{2}\right)$, 存在 X 中开集 V_{x_0}, 使得 $x_0 \in V_{x_0}$, 且当 $x \in V_{x_0}$ 时有

$$f(x_0) - \frac{\varepsilon}{2} < f(x) < f(x_0) + \frac{\varepsilon}{2}. \tag{*}$$

同理, 由 $g : X \to R$ 在点 x_0 的连续性可知, 存在 X 中开集 O_{x_0} 使得 $x_0 \in O_{x_0}$ 且当 $x \in O_{x_0}$ 时有

$$g(x_0) - \frac{\varepsilon}{2} < g(x) < g(x_0) + \frac{\varepsilon}{2}. \tag{**}$$

因此 $V_{x_0} \bigcap O_{x_0}$ 是 X 中含点 x_0 的开集, 且当 $x \in V_{x_0} \bigcap O_{x_0}$ 时 (*) 与 (**) 同时成立, 因此 $f(x_0) + g(x_0) - \varepsilon < f(x) + g(x) < f(x_0) + g(x_0) + \varepsilon$. 这样 $f(x) + g(x) \in U$, 因此 $f + g$ 在点 x_0 连续. $\square$

类似于定理 3.7 及数学分析中相关结论的证明方法, 可以得到如下定理:

定理 3.8 若 $f : X \to R$ 与 $g : X \to R$ 连续, 则该两映射的积 $f \cdot g : X \to R$ 与商 $\dfrac{f}{g} : X \to R$ $(g(x) \neq 0)$ 都连续.

对每个 $n \in N$, $f_n : X \to R$ 是一映射. 对任意 $x \in X$, $\sum\limits_{n=1}^{\infty} f_n(x) = f(x)$. 若对任

3.2 连续映射保持的一些特殊性质

意 $\varepsilon > 0$,都存在 $m \in N$,使得当 $k \geqslant m$ 时,对任意 $x \in X$,都有 $|f(x) - \sum_{n=1}^{k} f_n(x)| < \varepsilon$

则称 $\sum_{n=1}^{\infty} f_n(x)$ 在 X 上一致收敛到 $f(x)$.

引理 3.9 若对 $n \in N, f_n : X \to R$ 满足 $|f_n(x)| \leqslant \dfrac{1}{2^n}$,则 $\sum_{n=1}^{\infty} f_n(x)$ 在 X 上一致收敛.

证明 由已知以及收敛的判别法可知 $\sum_{n=1}^{\infty} f_n(x)$ 收敛,令 $f(x) = \sum_{n=1}^{\infty} f_n(x)$. 对 $\forall \varepsilon > 0$,存在 $m \in N$,使得 $\sum_{n=m+1}^{\infty} \dfrac{1}{2^n} = \dfrac{\frac{1}{2^{m+1}}}{1 - \frac{1}{2}} = \dfrac{1}{2^m} < \varepsilon$. 因此当 $k \geqslant m$ 时

$$\sum_{n=k+1}^{\infty} \dfrac{1}{2^n} = \dfrac{1}{2^k} \leqslant \dfrac{1}{2^m} < \varepsilon.$$

因此对上述 $\varepsilon > 0$,及对任意 $x \in X$,当 $k > m$ 时有 $\left|\sum_{n=k+1}^{\infty} f_n(x)\right| < \varepsilon$,即 $|f(x) - \sum_{n=1}^{k} f_n(x)| < \varepsilon$. 因此 $\sum_{n=1}^{\infty} f_n(x)$ 在 X 上一致收敛. □

注 引理 3.9 中的 $\dfrac{1}{2^n}$ 可换成 a_n,并且要求 $a_n \geqslant 0$ 且 $\sum_{n=1}^{\infty} a_n$ 收敛.

定理 3.10 X 是拓扑空间,对 $n \in N$,若 $f_n : X \to [0,1]$ 连续且 $f(x) = \sum_{n=1}^{\infty} \dfrac{f_n(x)}{2^n}$,则 $f : X \to [0,1]$ 连续.

证明 对任意 $n \in N$,由于 $0 \leqslant f_n(x) \leqslant 1$,因此 $\left|\dfrac{f_n(x)}{2^n}\right| \leqslant \dfrac{1}{2^n}$. 这样由引理 3.9 可知 $\sum_{n=1}^{\infty} \dfrac{f_n(x)}{2^n}$ 在 X 上一致收敛到 $f(x)$.

对任意 $x_0 \in X$,有 $f(x) - f(x_0) = \sum_{n=1}^{\infty} \dfrac{f_n(x) - f_n(x_0)}{2^n}$. 这样对任意 $\varepsilon > 0$,存在 $m \in N$, $n \geqslant m+1$ 时有 $\left|\sum_{n=m+1}^{\infty} \dfrac{f_n(x) - f_n(x_0)}{2^n}\right| \leqslant \sum_{n=m+1}^{\infty} \dfrac{1}{2^{n-1}} = \dfrac{1}{2^{m-1}} < \dfrac{\varepsilon}{2}$.

对 $n \leqslant m$,由于 $f_n(x)$ 在点 x_0 连续. 因此存在 X 中含点 x_0 的开集 $V_n(x_0)$,使

得当 $x \in V_n(x_0)$ 时，有 $|f_n(x) - f_n(x_0)| < \dfrac{\varepsilon}{2}, n \leqslant m$. 于是，若令 $O(x_0) = \bigcap \{V_n(x_0) : n \leqslant m\}$，则 $O(x_0)$ 是点 x_0 的开邻域且当 $x \in O(x_0)$ 时，有 $|f_n(x) - f_n(x_0)| < \dfrac{\varepsilon}{2}$, $n \leqslant m$，于是 $\left| \sum_{n=1}^{m} \dfrac{f_n(x) - f_n(x_0)}{2^n} \right| \leqslant \dfrac{\dfrac{1}{2}\left(1 - \dfrac{1}{2^m}\right)\dfrac{\varepsilon}{2}}{1 - \dfrac{1}{2}} < \dfrac{\varepsilon}{2}$.

因此当 $x \in O(x_0)$ 时, $|f(x) - f(x_0)| < \dfrac{\varepsilon}{2} + \dfrac{\varepsilon}{2} = \varepsilon$, 这样 $f : X \to [0,1]$ 连续. □

由定理 3.4, 有下述定理:

定理 3.11 $f : X \to Y$ 是连续的满映射，且 X 是可分空间，则 Y 是可分空间.

证明 X 是可分空间，令 D 是 X 的可数稠密集，即 $\overline{D} = X$, $|D| \leqslant \omega$. 由定理 3.4 可知, $f(\overline{D}) \subset \overline{f(D)}$, 而 $f(\overline{D}) = f(X) = Y$, 因此, $\overline{f(D)} = Y$. 另一方面 $f(D)$ 是 Y 中的可数集, 因此 Y 是可分空间. □

定理 3.12 $f : X \to Y$ 是连续的满映射，若 X 是 Lindelöf 空间，则 Y 也是 Lindelöf 空间.

证明 对空间 Y 的任意开覆盖 $\mathcal{U}$, 则 $f^{-1}(\mathcal{U}) = \{f^{-1}(U) : U \in \mathcal{U}\}$ 是 X 的开覆盖. X 是 Lindelöf 空间, 因此存在 $U_n \in \mathcal{U}, n \in N$, 使得 $X = \bigcup \{f^{-1}(U_n) : n \in N\}$. f 是满映射, 因此对每个 $n \in N$, 都有 $f(f^{-1}(U_n)) = U_n$. 由于 $X = \bigcup \{f^{-1}(U_n) : n \in N\}$, 因此 $Y = f(X) = \bigcup \{U_n : n \in N\}$, 这样 Y 是 Lindelöf 空间. □

定理 3.13 若 $f : X \to Y$ 连续, 且 $\{x_n\}_{n \in N}$ 是 X 中收敛到点 x 的序列, 则 $\{f(x_n)\}_{n \in N}$ 收敛到点 $f(x)$.

证明 对于 Y 中含点 $f(x)$ 的任一开集 U, 由 f 的连续性可知, 存在 X 中含点 x 的开集 V_x, 使得 $f(V_x) \subset U$. 由于序列 $\{x_n\}_{n \in N}$ 收敛到点 x, 因此存在 $m \in N$, 当 $n \geqslant m$ 时有 $x_n \in V_x$, 因此 $f(x_n) \in U$. 这样, 当 $n \geqslant m$ 时有 $f(x_n) \in U$, 于是序列 $\{f(x_n)\}_{n \in N}$ 收敛到点 $f(x)$. □

3.3 开映射、闭映射及商映射

X 与 Y 都是拓扑空间, $f : X \to Y$ 是一映射, 若对 X 中的任意开 (闭) 集 A, 都有 $f(A)$ 是 Y 中的开 (闭) 集, 则称 f 是开 (闭) 映射.

3.3 开映射、闭映射及商映射

定理 3.14 对 $\alpha \in \Lambda, (X_\alpha, \mathcal{T}_\alpha)$ 是拓扑空间, $X = \prod_{\alpha \in \Lambda} X_\alpha$, 则对每一 $\beta \in \Lambda$, 投影映射 $P_\beta : X \to X_\beta$ 是连续的开映射.

证明 由定理 3.5 知, $P_\beta : X \to X_\beta$ 是连续映射.

对 X 中的任意开集 B, 及任意 $y_\beta \in P_\beta(B)$, 存在 $x \in B$, 使得 $P_\beta(x) = y_\beta$. 由于 B 是 X 中的开集, 因此存在 X 中的开集 V_x, 使得 $x \in V_x$ 且 $V_x = \bigcap \{P_{\alpha_i}^{-1}(U_{\alpha_i}) : i \leqslant n\} \subset B$, 其中 $U_{\alpha_i} \in \mathcal{T}_{\alpha_i}$, $i \leqslant n$, 同时不妨设存在某个 $\alpha_i = \beta$, 因此 $y_\beta \in U_\beta \subset P_\beta(V_x) \subset P_\beta(B)$, 这样可知 $P_\beta(B)$ 是 X_β 中的开集, 因此 P_β 是开映射. □

前面定义了闭映射与开映射, 这里需说明的是, 开映射不一定是闭映射, 闭映射也不一定是开映射.

例 3.15 在 R^2 中, $A = \left\{\left(x, \dfrac{1}{x}\right) : x > 0\right\}$ 是闭集, 但投影 $P_1(A) = \{x : x > 0\}$ 是 R 中的开集, 它不是闭集, 说明开映射不一定是闭映射.

例 3.16 $f : R \to [0, 1]$, 满足

$$f(x) = \begin{cases} 0, & x \leqslant 0, \\ x, & 0 < x < 1, \\ 1, & x \geqslant 1. \end{cases}$$

对于 $A \subset R$, 若 A 是闭集, 不妨设 $A_1 = A \bigcap \{x : x \leqslant 0\} \neq \varnothing$, $A \bigcap [0, 1] \neq \varnothing$, $A_2 = A \bigcap \{x : x \geqslant 1\} \neq \varnothing$. 因此 $A \bigcap [0, 1]$ 是闭集, 而 $f(A \bigcap [0, 1]) = A \bigcap [0, 1]$, 因此 $f(A \bigcap [0, 1])$ 是 $[0, 1]$ 中的闭集. $f(A_1) = \{0\}$, $f(A_2) = \{1\}$, 因此 $f(A_1) = \{0\}$ 与 $f(A_2) = \{1\}$ 都是 $[0, 1]$ 中的闭集. 这样 $f(A) = \{0\} \bigcup \{1\} \bigcup (A \bigcap [0, 1])$ 是 $[0, 1]$ 中的闭集, 因此 f 是闭映射. $B = (-\infty, 0)$ 是 R 中的开集, $f(B) = \{0\}$ 不是 $[0, 1]$ 中的开集, 这样 f 是闭映射但不是开映射.

例 3.17 S 是 Sorgenfrey 直线, $f : S \to \{0, 1\}$, 其中 $\{0, 1\}$ 取离散拓扑, 且

$$f(x) = \begin{cases} 0, & x < 0, \\ 1, & x \geqslant 0, \end{cases}$$

则 f 是既开又闭的映射.

下面看一下开映射与闭映射的等价命题及性质.

定理 3.18 $f : X \to Y$ 是一映射, 则下述条件等价:

(1) 对 X 中的任意开集 V, $f(V)$ 是 Y 中的开集;

(2) 对任意 $A \subset X$, $f(A^\circ) \subset f(A)^\circ$;

(3) 对任意 $B \subset Y$, $f^{-1}(\overline{B}) \subset \overline{f^{-1}(B)}$.

证明 "(1)$\Rightarrow$(2)" $A \subset X$, A° 是开集, 且 $f(A^\circ) \subset f(A)$, 由 (1) 可知, $f(A^\circ)$ 是开集, 因此 $f(A^\circ) \subset f(A)^\circ$.

"(2)$\Rightarrow$(1)" 对 X 中的任意开集 V, 有 $V = V^\circ$, 因此 $f(V) = f(V^\circ) \subset f(V)^\circ$, 这样 $f(V)$ 是 Y 中的开集.

"(1)$\Rightarrow$(3)" 对任意 $x \in f^{-1}(\overline{B})$, 及对含 x 的任意开集 V, 有 $f(x) \in f(V), f(x) \in \overline{B}$. 由 (1) 可知 $f(V)$ 是开集. 因此 $f(V) \bigcap B \neq \varnothing$, 这样 $V \bigcap f^{-1}(B) \neq \varnothing$, 即 $x \in \overline{f^{-1}(B)}$. 因此 $f^{-1}(\overline{B}) \subset \overline{f^{-1}(B)}$.

"(3)$\Rightarrow$(1)"对 X 中的任意开集 V, 要证 $f(V)$ 开于 Y, 令 $F = Y \setminus f(V)$, 只需证明 F 闭于 Y. 由已知 $f^{-1}(\overline{F}) \subset \overline{f^{-1}(F)}$, 且 $f^{-1}(F) \bigcap V = \varnothing$. 因此 $\overline{f^{-1}(F)} \bigcap V = \varnothing$, 这样 $f^{-1}(\overline{F}) \bigcap V = \varnothing$, 因此 $\overline{F} \bigcap f(V) = \varnothing$, 这样 $\overline{F} = F$, 即 F 是 Y 中的闭集, 因此 $f(V)$ 是 Y 中的开集, 即 f 是开映射. □

要想说明一个映射是开映射, 只需说明基中的每个元的像或每个点的开邻域基中元的像是开集即可.

定理 3.19 X 是拓扑空间, $\mathcal{B}$ 是 X 的一个基. $f: X \to Y$ 是开映射当且仅当对任意 $B \in \mathcal{B}$, $f(B)$ 是 Y 中的开集.

证明 "$\Rightarrow$"是显然的.

"$\Leftarrow$" 对于 X 中任一开集 U, 存在 $\mathcal{B}_U \subset \mathcal{B}$ 使得 $U = \bigcup \mathcal{B}_U$. 因此 $f(U) = \bigcup \{f(B) : B \in \mathcal{B}_U\}$. 由已知对任一 $B \in \mathcal{B}$, $f(B)$ 是 Y 中开集, 因此 $f(U)$ 是 Y 中开集.

下面定理的证明与上一定理的证明类似.

定理 3.20 X 是拓扑空间, 对任意 $x \in X$, $\mathcal{B}(x)$ 是点 x 的开邻域基. $f: X \to Y$ 是开映射当且仅当对任意 $x \in X$ 及任意的 $B \in \mathcal{B}(x)$, $f(B)$ 是 Y 中的开集.

很容易得到下述定理:

定理 3.21 $f: X \to Y$ 是满的开连续映射, 且 X 是第一可数空间 (第二可数空间), 则 Y 也是第一可数空间 (第二可数空间).

证明 只证第一可数的情况.

对任意 $y \in Y$, 存在 $x \in X$, 使得 $f(x) = y$. 令 U 是 Y 中含 y 的任意开集, 令 $\mathcal{B}(x) = \{B_n : n \in N\}$ 是点 x 在 X 中的可数开邻域基. 由 f 的连续性质可知, 存在 $n \in N$, 使得 $f(B_n) \subset U$. 再由于 f 是开映射, 因此 $f(B_n)$ 是 Y 中的开集, 这样 $\{f(B_n) : n \in N\}$ 是点 y 在 Y 中的可数开邻域基. □

定理 3.22 $f : X \to Y$ 是满映射. f 是闭映射当且仅当对任意 $y \in Y$, 及 X 中包含 $f^{-1}(y)$ 的任一开集 U, 存在 Y 中含点 y 的开集 V_y, 使得 $f^{-1}(y) \subset f^{-1}(V_y) \subset U$.

证明 "$\Rightarrow$" 令 $y \in f(X)$, U 是 X 中的开集且 $f^{-1}(y) \subset U$. 令 $F = X \setminus U$, 则 F 是 X 中的闭集, 因此 $f(F)$ 是 Y 中的闭集. 令 $V_y = Y \setminus f(F)$, 则 $y \in V_y$, 且 V_y 是 Y 中的开集. 因此 $f^{-1}(V_y) \bigcap F = \varnothing$, 这样 $f^{-1}(V_y) \subset U$.

"$\Leftarrow$" 令 $F \subset X$ 是 X 中的任一闭集, 对任一 $y \in Y \setminus f(F)$, $f^{-1}(y) \bigcap F = \varnothing$, 因此 $f^{-1}(y) \subset X \setminus F = U$. U 是 X 中的开集, 由已知存在 Y 中的开集 V_y, 使得 $y \in V_y$, $f^{-1}(y) \subset f^{-1}(V_y) \subset U$. 因此 $f^{-1}(V_y) \bigcap F = \varnothing$. 这样 $V_y \bigcap f(F) = \varnothing$, 于是 $f(F)$ 闭于 Y, 因此 f 是闭映射. □

需说明的是: 闭连续映射不一定保持第一可数性质.

例 3.23 令 $x_0 \notin R$, $Y = (R \setminus N) \bigcup \{x_0\}$,
$$f(x) = \begin{cases} x_0, & x \in N, \\ x, & x \in R \setminus N. \end{cases}$$
Y 的拓扑是 $\mathcal{T}_Y = \{A : A \subset Y, f^{-1}(A) \text{ 是 } R \text{ 中的开集}\}$ (这样得到的拓扑称为商拓扑), 则 f 是闭连续映射, 但 Y 不是第一可数空间.

证明 $\mathcal{T}_Y$ 显然是一拓扑, 且 f 是连续映射. 由于 $f^{-1}(R \setminus N) = R \setminus N$ 是开集, 因此 $R \setminus N$ 在 Y 中是开集, 因此 $\{x_0\}$ 在 Y 中是闭集.

令 $A \subset R$ 是 R 中的闭集, 由于 N 是 R 中的闭集, 因此 $A \bigcap N$ 是 R 中的闭集. 这样 $f(A \bigcap N)$ 是空集或是 $\{x_0\}$, 因此 $f(A \bigcap N)$ 是 Y 中的闭集. 若 $A \subset R \setminus N$, 则 $f(A) = A$, 于是 $f^{-1}(f(A)) = A$, 因此 $f^{-1}(f(A))$ 是 R 中的闭集, 这样 $f(A)$ 是 Y 中的闭集; 若 $A \bigcap N \neq \varnothing$, 则 $f^{-1}(f(A)) = A \bigcup f^{-1}(\{x_0\}) = A \bigcup N$, 因此 $f^{-1}(f(A))$ 是 R 中的闭集. 这样 $f(A)$ 是 Y 中的闭集. 由上述可知 f 是闭映射.

假若 Y 在点 x_0 存在可数开邻域基 $\{B_n : n \in N\}$, 则 $f^{-1}(B_n)$ 是 R 中的开

集, 且 $N \subset f^{-1}(B_n)$. 取 $a_n \in R$, $a_n > n$, $|a_n - n| < \dfrac{1}{n}$ 且 $a_n \in f^{-1}(B_n)$. 则 $B = \{a_n : n \in N\}$ 是 R 中的闭集. 于是 $f(B)$ 是 Y 中的闭集, 令 $V = Y \setminus f(B)$, 则 $x_0 \in V$ 且 V 是 Y 中的开集, $f(a_n) \notin V$, $n \in N$, 但 $f(a_n) = a_n \in B_n$, $n \in N$. 因此 $B_n \not\subset V$, 这与 $\{B_n : n \in N\}$ 是点 x_0 在 Y 中的可数开邻域基矛盾. 因此 Y 在点 x_0 不存在可数开邻域基, 这样 Y 不是第一可数空间. □

关于商映射与商拓扑

在例 3.23 中已用了商映射的思想.

设 X 与 Y 都是拓扑空间, $p : X \to Y$ 是一满映射, 如果 Y 的子集 U 是 Y 的开集当且仅当 $p^{-1}(U)$ 是 X 的一个开集, 则称 p 是一商映射.

与上述表述等价的条件是: Y 的子集 A 是 Y 的闭集当且仅当 $p^{-1}(A)$ 是空间 X 的一个闭集. 两者等价是因为 $p^{-1}(Y \setminus B) = X \setminus p^{-1}(B)$.

从商映射的定义很容易看出, 若 f 是一个满的连续开映射或是满的连续闭映射, 则该映射是商映射.

设 X 是拓扑空间, Y 是一集合, $p : X \to Y$ 是一满映射, 则 Y 上存在拓扑 $\mathcal{T}_Y = \{B : B \subset Y, p^{-1}(B)$ 是 X 中的开集$\}$, 使得映射 p 是一商映射, 称 $\mathcal{T}_Y$ 为由 p 导出的商拓扑.

下面来验证 $\mathcal{T}_Y$ 是一拓扑:

(1) $Y \in \mathcal{T}_Y$, $\varnothing \in \mathcal{T}_Y$ 是显然的;

(2) 若 $U \in \mathcal{T}_Y$, $V \in \mathcal{T}_Y$, 则 $p^{-1}(U \bigcap V) = p^{-1}(U) \bigcap p^{-1}(V)$ 是 X 的开集, 因此 $U \bigcap V \in \mathcal{T}_Y$;

(3) 对任意 $\mathcal{T}_1 \subset \mathcal{T}_Y$, $p^{-1}(\bigcup \mathcal{T}_1) = \bigcup \{p^{-1}(U) : U \in \mathcal{T}_1\}$ 是 X 中的开集, 因此 $\bigcup \mathcal{T}_1 \in \mathcal{T}_Y$.

因此 $\mathcal{T}_Y$ 是一拓扑, 这样 $p : X \to Y$ 是一商映射.

这样例 3.23 中 $(R \setminus N) \bigcup \{x_0\}$ 上的拓扑是一商拓扑, 该例中的映射是一商映射.

3.4 同胚映射

下面讨论一特殊的连续映射 —— 同胚映射.

3.4 同胚映射

定义 3.24 已知 $f: X \to Y$ 是一双映射. 如果 f 是连续的映射, 且映射 $f^{-1}: Y \to X$ 也是连续映射, 其中 $f^{-1}(f(x)) = x, x \in X$, 则称 f 是同胚映射. 如果 X 与 Y 间存在一同胚映射, 则称 X 与 Y 同胚.

定理 3.25 $f: X \to Y$ 是一双映射, 则下述条件等价:
(1) f 是同胚映射;
(2) f 是开连续映射;
(3) f 是闭连续映射;
(4) 对于 $A \subset X$, A 是 X 中的闭集当且仅当 $f(A)$ 是 Y 中的闭集;
(5) 对于 $A \subset X$, A 是 X 中的开集当且仅当 $f(A)$ 是 Y 中的开集;
(6) 对于 $B \subset Y$, B 是 Y 中的开集当且仅当 $f^{-1}(B)$ 是 X 中的开集;
(7) 对于 $B \subset Y$, B 是 Y 中的闭集当且仅当 $f^{-1}(B)$ 是 X 中的闭集.

证明 只证明 (1) $\Rightarrow$ (2), 其它的可根据同胚映射的定义及连续映射的等价命题得到. 已知 f 是同胚映射, 因此 f 是连续映射, 下证 f 是开映射. 对于 X 中的任一开集 V, $f(V) = (f^{-1})^{-1}(V)$. 由于 $f^{-1}: Y \to X$ 连续且 V 是 X 中的开集, 因此 $(f^{-1})^{-1}(V)$ 是 Y 中的开集, 即 $f(V)$ 是 Y 中的开集, 这样 f 是开映射. □

例 3.26 $f: R \to \left(-\dfrac{\pi}{2}, \dfrac{\pi}{2}\right)$, 满足 $f(x) = \arctan x$, 则 f 是同胚映射.

如果 $f: X \to Y$ 是一连续的单映射, 且 $f_1: X \to f(X)$ 是一同胚映射, 其中 $f_1(x) = f(x), x \in X$, 则称 f 把 X 嵌入到 Y, 称 f 是一嵌入.

下面研究把一拓扑空间嵌入到一积空间的方法.

定义 3.27 对任意 $\alpha \in \Lambda$, $f_\alpha: X \to Y_\alpha$ 是一连续映射, 如果对任意两不同点 $x, y \in X$, 都存在 $\alpha \in \Lambda$, 使得 $f_\alpha(x) \neq f_\alpha(y)$, 则称映射族 $\{f_\alpha : \alpha \in \Lambda\}$ 是分离点的; 如果对 X 中的任一闭集 F, 及任意 $x \notin F$, 都存在 $\alpha \in \Lambda$, 使得 $f_\alpha(x) \notin \overline{f_\alpha(F)}$, 则称映射族 $\{f_\alpha : \alpha \in \Lambda\}$ 是分离点与闭集的.

定理 3.28 X 是拓扑空间, $f_\alpha : X \to Y_\alpha$ 是一连续映射, $\alpha \in \Lambda$, 如果 $\{f_\alpha : \alpha \in \Lambda\}$ 是分离点且是分离点与闭集的映射族, 则 $f: X \to \prod_{\alpha \in \Lambda} Y_\alpha$ 是一嵌入, 其中 $f(x) = (f_\alpha(x) : \alpha \in \Lambda)$.

证明 对任意 $x, y \in X$, 若 $x \neq y$, 则存在 $\alpha \in \Lambda$, 使得 $f_\alpha(x) \neq f_\alpha(y)$, 因此有 $f(x) \neq f(y)$, 这样 f 是一单映射. 由于 $P_\alpha \circ f = f_\alpha$ 是连续映射, $\alpha \in \Lambda$, 因此由定理

3.6 可知 f 是连续映射. 由定理 3.25 可知, 要证明 f 是一嵌入, 只需证明对 X 中的任一闭集 F, $f(F)$ 是 $f(X)$ 中的闭集.

对任意 $y \in f(X) \setminus f(F)$ (不妨设 $F \neq X$), 则存在 $x \in X$, 使得 $f(x) = y$. 由于 f 是单映射, 因此 $x \notin F$. 由于 $\{f_\alpha : \alpha \in \Lambda\}$ 是分离点与闭集的, 因此存在 $\alpha \in \Lambda$, 使得 $f_\alpha(x) \notin \overline{f_\alpha(F)}$. 令 $V_\alpha = Y_\alpha \setminus \overline{f_\alpha(F)}$, 则 $f_\alpha(x) \in V_\alpha$, 且 V_α 是 Y_α 中的开集. 因此 $P_\alpha^{-1}(V_\alpha)$ 是 $\prod_{\alpha \in \Lambda} Y_\alpha$ 的开集, 且 $P_\alpha^{-1}(V_\alpha) \bigcap f(F) = \varnothing$, 同时 $f(x) \in P_\alpha^{-1}(V_\alpha)$, 这样 $f(F)$ 是 $f(X)$ 中的闭集. 因此 $f : X \to f(X)$ 是同胚映射, 即 f 是嵌入. □

结论 3.29 R 是实数直线, 取通常拓扑, R 上的任意两闭区间 $[a, b]$ 与 $[c, d]$ 是同胚的.

证明 令 $f : [a, b] \to [c, d]$, 满足 $f(x) = \dfrac{d-c}{b-a}(x-a) + c$, 则 f 与 f^{-1} 都是连续映射, 因此 f 是同胚映射. □

练 习

3.1 证明映射 $f : X \to Y$ 连续当且仅当 $f : X \to f(X)$ 连续.

3.2 若 $f_i : X \to R$ 是连续映射, $i \in \{1, 2\}$, 证明 $f_1 - f_2$, $f_1 \cdot f_2$ 及 $\dfrac{f_1}{f_2}$ ($f_2(x) \neq 0, x \in X$) 都是连续映射, 并证明 $\max\{f_1, f_2\}$ 与 $\min\{f_1, f_2\}$ 也连续.

3.3 若 $f_n : X \to [a, b]$ 是连续映射, $n \in N$, 证明若 $f(x) = \sum_{n=1}^{\infty} \dfrac{f_n(x)}{2^n}$, 则 $f : X \to [a, b]$ 也是连续映射.

3.4 证明 $y = \sin x$ ($x \in R$) 不是 R 到 $[-1, 1]$ 的闭映射.

3.5 证明定理 3.25.

3.6 $f : X \to Y$ 是一连续映射, 证明 f 是闭映射当且仅当对每个 $A \subset X$, 都有 $\overline{f(A)} = f(\overline{A})$.

3.7 如果 $f : X \to Y$ 是一连续映射, $A \subset X$, 证明 $f|A : A \to Y$ 也是连续映射.

3.8 证明: 如果 X 与 Y 是拓扑空间且 X 是离散空间, 则任一映射 $f : X \to Y$ 都是连续映射.

3.9 证明: 如果 X 与 Y 是拓扑空间且 Y 是平凡拓扑空间, 则任一映射 $f : X \to Y$ 都是连续映射.

3.10 证明: Lindelöf 拓扑空间的连续映射像是 Lindelöf 空间.

3.11 证明: 可分拓扑空间的连续映射像是可分空间.

3.12 R 是实数直线, 拓扑是通常拓扑, 映射 $f : R \to R$ 满足: 当 $x \geqslant 0$ 时 $f(x) = 2$, 当 $x < 0$ 时 $f(x) = 5$. 证明 f 不是连续映射.

练 习

3.13 R 是实数直线，拓扑是离散拓扑，映射 $f: R \to R$ 满足：当 $x \geqslant 0$ 时 $f(x) = 2$，当 $x < 0$ 时 $f(x) = 5$. 证明 f 是连续映射.

3.14 $X = \{a, b, c\}$，X 的拓扑 $\mathcal{T}_X = \{X, \varnothing, \{a\}, \{a, b\}, \{a, c\}\}$. $Y = \{a, b, c\}$，Y 的拓扑 $\mathcal{T}_Y = \{Y, \varnothing, \{a\}, \{a, c\}\}$. 如果映射 $f: X \to Y$ 满足对每一 $x \in X$ 都有 $f(x) = x$，问 f 是否连续？

3.15 $X = \{a, b, c\}$，X 的拓扑 $\mathcal{T}_X = \{X, \varnothing, \{a\}, \{a, b\}, \{a, c\}\}$. $Y = \{a, b\}$，Y 的拓扑 $\mathcal{T}_Y = \{Y, \varnothing, \{b\}\}$. 如果映射 $f: X \to Y$ 满足 $f(a) = b, f(b) = b, f(c) = a$，问 f 是否连续？

3.16 $X = \{a, b, c\}$，X 的拓扑 $\mathcal{T}_X = \{X, \varnothing, \{a\}, \{a, b\}, \{a, c\}\}$. $Y = \{a, b\}$，Y 的拓扑 $\mathcal{T}_Y = \{Y, \varnothing, \{b\}\}$. 如果映射 $f: X \to Y$ 满足 $f(a) = a, f(b) = b, f(c) = a$，问 f 是否连续？

3.17 R 是实数直线，拓扑是通常拓扑，$\left(-\frac{\pi}{2}, \frac{\pi}{2}\right)$ 是 R 的子空间，证明 R 与 $\left(-\frac{\pi}{2}, \frac{\pi}{2}\right)$ 同胚.

3.18 R 是实数直线，拓扑是通常拓扑，$(0, 1)$ 与 $(0, 2)$ 是 R 的子空间，证明 $(0, 1)$ 与 $(0, 2)$ 同胚.

第 4 章 连通空间与道路连通空间

4.1 连通空间与连通集的基本性质

例 4.1 如果 $X = \{0,1\}$, $\mathcal{T} = \{\varnothing, X, \{0\}, \{1\}\}$, 则 X 可以表示为两非空不相交开集的并, 即 $X = A \bigcup B$, 其中 $A = \{0\}$, $B = \{1\}$.

例 4.2 如果 $X = \{a,b,c\}$, $\mathcal{T} = \{\varnothing, X, \{a\}, \{a,c\}\}$, 则 X 不能表示为两非空不相交开集的并.

定义 4.3 X 是拓扑空间, 如果 X 不能表示为两非空不相交开集的并, 则称 X 为连通空间.

上面的例 4.2 为连通空间, 例 4.1 不是连通空间, 称为非连通空间.

定理 4.4 X 是拓扑空间, 则下述条件等价:

(1) X 不是连通空间;
(2) X 可表示为两非空不相交闭集的并;
(3) X 存在非空的真子集是既开又闭的;
(4) 存在由 X 到离散空间 $\{0,1\}$ 的连续满映射.

证明 "(1) $\Rightarrow$ (2)" X 不是连通空间, X 可以表示为两非空不相交开集的并, 即 $X = A \bigcup B$, 其中 A 与 B 是两非空不相交开集. 因此 $A = X \setminus B$, $B = X \setminus A$, 这样 A 与 B 是两非空不相交闭集. 因此 X 可表示为两非空不相交闭集的并.

"(2) $\Rightarrow$ (3)" 已知 X 可表示为两非空不相交闭集的并, 即 $X = A \bigcup B$, 其中 A 与 B 是两非空不相交闭集. $A = X \setminus B$, 这样 A 也是开集. 因此 A 是非空的真子集且是既开又闭的.

"(3) $\Rightarrow$ (4)" X 存在非空的真子集 A 是既开又闭的, 因此 $B = X \setminus A \neq \varnothing$, 且 B 也是既开又闭的. 令 $f: X \to \{0,1\}$, 满足

$$f(x) = \begin{cases} 0, & x \in A, \\ 1, & x \in B, \end{cases}$$

其中 $\{0,1\}$ 是离散拓扑空间, f 显然是连续满映射. 因此存在由 X 到离散空间 $\{0,1\}$ 的连续满映射.

"$(4) \Rightarrow (1)$" 若存在由 X 到离散空间 $\{0,1\}$ 的连续满映射 $f: X \to \{0,1\}$, 则 $X = f^{-1}(\{0\}) \bigcup f^{-1}(\{1\})$, 且 $f^{-1}(\{0\})$ 与 $f^{-1}(\{1\})$ 是 X 中两非空不相交的开集. □

定义 4.5 X 是拓扑空间, $A \subset X$, 如果不存在这样的两集合 C 与 D, 使得 $C \bigcap A \neq \varnothing$, $D \bigcap A \neq \varnothing$, $A = C \bigcup D$, 且 $C \bigcap \overline{D} = D \bigcap \overline{C} = \varnothing$, 则称 A 是 X 中的连通集 (换句话说, 如果 A 作为子空间是连通的, 则称 A 是 X 中的连通集), 简称为连通集.

定理 4.6 如果对每一 $\alpha \in \Lambda$, P_α 是 X 的连通集, 且 $\bigcap \{P_\alpha : \alpha \in \Lambda\} \neq \varnothing$, 则 $\bigcup \{P_\alpha : \alpha \in \Lambda\}$ 是 X 中的连通集.

证明 令 $x \in \bigcap\{P_\alpha : \alpha \in \Lambda\}$, 假若 $\bigcup\{P_\alpha : \alpha \in \Lambda\}$ 不是连通集, 则 $\bigcup\{P_\alpha : \alpha \in \Lambda\} = C \bigcup D$, $C \neq \varnothing$, $D \neq \varnothing$, $C \bigcap \overline{D} = D \bigcap \overline{C} = \varnothing$. 因此 $x \in C$, 或 $x \in D$, 不妨设 $x \in D$. 如若存在 $\alpha \in \Lambda$, 使得 $P_\alpha \not\subset D$, 则 $P_\alpha \bigcap C \neq \varnothing$, 这样 $P_\alpha = (P_\alpha \bigcap D) \bigcup (P_\alpha \bigcap C)$, $P_\alpha \bigcap C \neq \varnothing$, $P_\alpha \bigcap D \neq \varnothing$, 同时有 $\overline{P_\alpha \bigcap D} \bigcap (P_\alpha \bigcap C) = \overline{P_\alpha \bigcap C} \bigcap (P_\alpha \bigcap D) = \varnothing$, 这与 P_α 是连通集矛盾. 因此对任意 $\alpha \in \Lambda$, 都有 $P_\alpha \subset D$, 这样有 $C = \varnothing$, 矛盾, 因此 $\bigcup\{P_\alpha : \alpha \in \Lambda\}$ 是 X 中的连通集. □

定理 4.7 $\{P_\alpha : \alpha \in \Lambda\}$ 是 X 中非空连通集构成的集族, 且 $0 \in \Lambda$, 使得对每个 $\alpha \in \Lambda$, $P_\alpha \bigcap P_0 \neq \varnothing$, 则 $\bigcup\{P_\alpha : \alpha \in \Lambda\}$ 是 X 中的连通集.

证明 P_0 是连通集, 且对任意 $\alpha \in \Lambda$, $P_\alpha \bigcap P_0 \neq \varnothing$, 因此由定理 4.6 可知, $P_0 \bigcup P_\alpha$ 是连通集. 这样 $\{P_\alpha \bigcup P_0 : \alpha \in \Lambda\}$ 是连通集构成的集族. 令 $x \in P_0$, 则 $x \in \bigcap\{P_\alpha \bigcup P_0 : \alpha \in \Lambda\}$, 这样由定理 4.6 可知 $\bigcup\{P_\alpha \bigcup P_0 : \alpha \in \Lambda\}$ 是 X 中的连通集, 而 $\bigcup\{P_\alpha \bigcup P_0 : \alpha \in \Lambda\} = \bigcup\{P_\alpha : \alpha \in \Lambda\}$. 因此 $\bigcup\{P_\alpha : \alpha \in \Lambda\}$ 是 X 中的连通集. □

定理 4.8 $A \subset X$, A 是连通集, 且 $A \subset B \subset \overline{A}$, 则 B 也是连通集.

证明 假若 B 不是连通集, 则 $B = C \bigcup D$, $C \neq \varnothing$, $D \neq \varnothing$, $C \bigcap \overline{D} = D \bigcap \overline{C} = \varnothing$, 因此 $A = (A \bigcap D) \bigcup (A \bigcap C)$. 由于 $\overline{D} \bigcap C = \varnothing$, 因此 $C \subset X \setminus \overline{D}$. 对任意 $x \in C$, 有 $x \in \overline{A}$ 且 $X \setminus \overline{D}$ 是 X 中含点 x 的开集, 因此 $(X \setminus \overline{D}) \bigcap A \neq \varnothing$, 这样有 $C \bigcap A \neq \varnothing$. 同理有 $D \bigcap A \neq \varnothing$. $A = (A \bigcap C) \bigcup (A \bigcap D)$, 且 $A \bigcap C \neq \varnothing$,

$A \cap D \neq \varnothing$, $\overline{A \cap D} \cap (A \cap C) = \overline{A \cap C} \cap (A \cap D) = \varnothing$. 这与 A 是连通集矛盾，因此 B 是连通集. □

定理 4.9 连通空间的连续映射像是连通空间.

证明 X 是连通空间，$f: X \to Y$ 是连续映射，不妨设 f 是满映射. 假若 Y 不连通，则 $Y = A \bigcup B$, $A \neq \varnothing$, $B \neq \varnothing$, $A \cap B = \varnothing$, A 与 B 是 Y 中的开集，因此 $X = f^{-1}(A) \bigcup f^{-1}(B)$，且 $f^{-1}(A)$ 与 $f^{-1}(B)$ 是 X 中两不相交的非空开集. 这与 X 连通矛盾. 因此 Y 是连通空间. □

4.2 实数直线上的连通集

下面将讨论实数直线上的连通集.

结论 4.10 在实数直线 R 上取通常拓扑，则 R 是连通空间.

证明 假若 R 不连通，则存在 R 中的非空不相交闭集 A 与 B，使得 $R = A \bigcup B$. 令 $a \in A, b \in B$，不妨设 $a < b$，令 $C = \{x : x \in A, x < b\}$，则 $C \neq \varnothing$，且 C 有上界 b，于是 C 有上确界，令 C 的上确界为 d. 对任意 $\varepsilon > 0$，存在 $x \in C \cap (d-\varepsilon, d]$，因此 $(d-\varepsilon, d+\varepsilon) \cap C \neq \varnothing$，这样 $d \in \overline{C}$.

$C \subset A$，A 是闭集，因此 C 的上确界 $d \in A$（因为 $d \in \overline{C} \subset A$）. 于是 $d < b$. 而 A 也是开集，因此存在 $\varepsilon > 0$，使得 $(d-\varepsilon, d+\varepsilon) \subset A$ 且 $d+\varepsilon < b$. 于是 $d+\frac{\varepsilon}{2} \in A$ 且 $d+\frac{\varepsilon}{2} < b$. 因此 $d+\frac{\varepsilon}{2} \in C$，但 $d < d+\frac{\varepsilon}{2}$，这与 d 是 C 的上确界矛盾. 因此 R 是连通空间. □

结论 4.11 在实数直线 R 上取通常拓扑，则 R 上的任一开区间 (a,b) 是连通集.

证明 令 $f: R \to (a,b)$，满足 $f(x) = \frac{b-a}{\pi} \arctan x + \frac{a+b}{2}$, $x \in R$，则 f 是连续映射，且 $f(R) = (a,b)$，因此由定理 4.9 及结论 4.10 可知 (a,b) 是连通集. □

由定理 4.8 及结论 4.11 可知下述结论：

结论 4.12 在实数直线 R 上取通常拓扑，若 $a \in R, b \in R$，且 $a < b$，则区间 $[a,b]$、$[a,b)$ 与 $(a,b]$ 都是连通集.

结论 4.13 在实数直线 R 上取通常拓扑, 若 $a \in R$, 则 $(-\infty, a)$ 及 $(a, +\infty)$ 都是连通集.

证明 只证明 $(a, +\infty)$ 是连通集. 取 $x_0 > a$, 则 $(a, +\infty) = \bigcup\{(a, x_0 + n) : n \in N\}$, $x_0 \in \bigcap\{(a, x_0 + n) : n \in N\}$, 而对每个 $n \in N$, $(a, x_0 + n)$ 是连通集, 因此由定理 4.6 可知, $(a, +\infty)$ 是连通集. □

结论 4.14 在实数直线 R 上取通常拓扑, 若 $a \in R$, 则 $(-\infty, a]$ 及 $[a, +\infty)$ 都是连通集.

证明 由于 $(-\infty, a] = \overline{(-\infty, a)}$ 及 $[a, +\infty) = \overline{(a, +\infty)}$, 且由结论 4.13 可知 $(-\infty, a)$ 及 $(a, +\infty)$ 都是连通集, 因此由定理 4.8 知 $(-\infty, a]$ 及 $[a, +\infty)$ 都是连通集. □

如果 $A \subset R$ 且对于 A 中任意两点 a 与 b, 若 $a \leqslant b$ 都有 $[a, b] \subset A$, 则称 A 是 R 中的凸集.

定理 4.15 在实数直线 R 上取通常拓扑, $A \subset R$, A 是 R 上的连通集当且仅当 A 是单点集或者 A 是一凸集.

证明 "$\Leftarrow$" 若 A 是单点集, 则 A 显然连通. 下面设 A 为凸集且不是单点集. 取 $x_0 \in A$. 对任意 $b \in A$, 若 $x_0 \leqslant b$, 则 $[x_0, b]$ 是连通集且 $[x_0, b] \subset A$. 对任意 $a \in A$, 若 $a \leqslant x_0$, 则 $[a, x_0]$ 是连通集且 $[a, x_0] \subset A$. 于是 $A = (\bigcup\{[a, x_0] : a \in A$ 且 $a \leqslant x_0\}) \cup (\bigcup\{[x_0, b] : b \in A$ 且 $x_0 \leqslant b\})$. 由定理 4.6 可知 $A_1 = \bigcup\{[a, x_0] : a \in A$ 且 $a \leqslant x_0\}$ 与 $A_2 = \bigcup\{[x_0, b] : b \in A$ 且 $x_0 \leqslant b\}$ 都是连通集且 $x_0 \in A_1 \cap A_2$. 这样 $A = A_1 \cup A_2$ 是连通集.

"$\Rightarrow$" A 是 R 上的连通集, 若 A 不是单点集, 将证明 A 是一凸集. 假若 A 不是凸集, 则存在 $x_0 \notin A$, 同时存在 $x_1 < x_0, x_2 > x_0, x_1 \in A, x_2 \in A$. 因此令 $C = (-\infty, x_0) \bigcap A$, $D = (x_0, +\infty) \bigcap A$, 则 $C \neq \varnothing, D \neq \varnothing$, 且 $A = C \bigcup D$, 同时 $\overline{C} \bigcap D = \overline{D} \bigcap C = \varnothing$, 于是 A 不是连通集, 这与已知矛盾.

因此, 若 A 是 R 上的连通集, 则 A 是单点集或者 A 是一凸集. □

4.3 连通空间的积空间及连通性质的应用

下面讨论连通空间的积空间.

引理 4.16 连通空间的有限积空间是连通空间.

证明　只需证明两个连通空间积的情况. 令 $X = X_1 \times X_2$, 其中 X_1 与 X_2 都是连通空间. 取 $x_1 \in X_1$, 则 $\{x_1\} \times X_2$ 与 X_2 是同胚的, 因此 $\{x_1\} \times X_2$ 是连通集. 对任意 $x_2 \in X_2$, 则 $X_1 \times \{x_2\}$ 与 X_1 同胚, 因此 $X_1 \times \{x_2\}$ 也是连通集. 而 $(x_1, x_2) \in (\{x_1\} \times X_2) \bigcap (X_1 \times \{x_2\}) \neq \varnothing$, 且 $X_1 \times X_2 = (\{x_1\} \times X_2) \bigcup (\bigcup \{X_1 \times \{x_2\} : x_2 \in X_2\})$, 因此由定理 4.7 可知 $X_1 \times X_2$ 是连通空间. $\square$

定理 4.17　连通空间的积空间是连通空间.

证明　令 X_α 是连通空间, $\alpha \in \Lambda$. 下面证明 $X = \prod\limits_{\alpha \in \Lambda} X_\alpha$ 是连通空间. 设 $X_\alpha \neq \varnothing, \alpha \in \Lambda$. 取 $a = (a_\alpha : \alpha \in \Lambda) \in X$, 定义 $A = \{x : x \in X, x = (x_\alpha : \alpha \in \Lambda), |\{\alpha : x_\alpha \neq a_\alpha, \alpha \in \Lambda\}| < \omega\}$. 对于 X 的基 $\mathcal{B}$ 中的任一元 B, 不妨设 $B \neq \varnothing$, $B = \bigcap\limits_{i \leqslant n} P_{\alpha_i}^{-1}(U_{\alpha_i})$, 则取 $x \in B$, 满足 $P_\alpha(x) = a_\alpha, \alpha \neq \alpha_i, i \leqslant n$, 于是 $|\{\alpha : x_\alpha \neq a_\alpha, \alpha \in \Lambda\}| < \omega$, 这样有 $x \in B \bigcap A$, 因此对任意非空 $B \in \mathcal{B}$ 都有 $B \bigcap A \neq \varnothing$, 于是 $\overline{A} = X$.

要证明 X 是连通空间, 只需证明 A 是连通集. 令 $\mathcal{F}(\Lambda) = \{B : B \subset \Lambda, 1 \leqslant |B| < \omega\}$. 对任意 $B \in \mathcal{F}(\Lambda)$, 定义 $C(B) = \prod\limits_{\alpha \in \Lambda} Y_\alpha$, 其中

$$Y_\alpha = \begin{cases} \{a_\alpha\}, & \alpha \notin B, \\ X_\alpha, & \alpha \in B. \end{cases}$$

于是 $C(B)$ 与 $\prod\limits_{\alpha \in B} X_\alpha$ 是同胚的, 而 B 是有限集, 且对每个 $\alpha \in B$, X_α 是连通空间, 因此由引理 4.16 可知 $\prod\limits_{\alpha \in B} X_\alpha$ 是连通空间, 因此 $C(B)$ 是连通空间. 对任意 $B \in \mathcal{F}(\Lambda)$, 有 $a \in C(B)$, 且 $A = \bigcup \{C(B) : B \in \mathcal{F}(\Lambda)\}$, 因此由定理 4.6 可知 A 是连通集. 已证 $\overline{A} = X$, 因此由定理 4.8 可知 X 是连通空间. $\square$

例 4.18　由定理 4.17 知, R^2, R^3 都是连通空间, 且 R^ω 也是连通空间.

例 4.19　令 $f(x) = \sin\left(\dfrac{1}{x}\right), x \in \left(0, \dfrac{2}{\pi}\right], A = \left\{(x, f(x)) : x \in \left(0, \dfrac{2}{\pi}\right]\right\}$, $B = \{(0, y) : -1 \leqslant y \leqslant 1\}$, 则 $A \bigcup B$ 是 R^2 中的连通集.

证明　B 与区间 $[-1, 1]$ 同胚, 因此 B 是连通集. 但 $A \bigcap B = \varnothing$, 因此需通过另外的方法来证明 $A \bigcup B$ 连通. 实际上 $\overline{A} = A \bigcup B$, 其中 $\overline{A}$ 是 A 在 R^2 中的闭包.

4.3 连通空间的积空间及连通性质的应用

令 $f_1(x) = x$, $f_2(x) = f(x)$, $x \in \left(0, \dfrac{2}{\pi}\right]$, $g(x) = (f_1(x), f_2(x))$.

由于 $f_1(x)$ 与 $f_2(x)$ 都是连续映射, 因此 $g : \left(0, \dfrac{2}{\pi}\right] \to R^2$ 是连续映射 (由定理 3.6 得到). 而 $A = g\left(\left(0, \dfrac{2}{\pi}\right]\right)$, 因此 A 是 R^2 中的连通集, 这样 $\overline{A}$ 是连通集, 而 $\overline{A} = A \bigcup B$, 因此 $A \bigcup B$ 是连通集. □

定理 4.20 (介值定理) X 是连通空间, $f : X \to R$ 是连续映射. 若 $a, b \in f(X)$, 且 $a < b$, 则对任意 $c \in (a, b)$, 都存在 $x \in X$, 使得 $f(x) = c$.

证明 由于 X 是连通空间, $f : X \to R$ 是连续映射, 因此由定理 4.9 可知 $f(X)$ 是 R 中的连通集, 且由定理 4.15 可知 $f(X)$ 是一凸集. 因此 $[a, b] \subset f(X)$, 而 $c \in (a, b)$, 这样存在 $x \in X$, 使得 $f(x) = c$. □

由上述定理 4.20, 很容易得到数学分析中的零点定理, 即若 $f : [a, b] \to R$ 连续且 $f(a) \cdot f(b) < 0$, 则存在 $\zeta \in (a, b)$ 使得 $f(\zeta) = 0$.

引理 4.21 X 是拓扑空间, $n \in N$, A_i 是 X 中的连通集, $i \leqslant n$, 若 $A_i \bigcap A_{i+1} \neq \varnothing$, $i + 1 \leqslant n$, 则 $\bigcup \{A_i : i \leqslant n\}$ 是连通集.

证明 不妨设 $n > 1$, 令 $B_1 = A_1$, $B_2 = A_1 \bigcup A_2$, $\cdots$, $B_i = \bigcup\{A_j : 1 \leqslant j \leqslant i\}$, $i \leqslant n$. B_1 连通, 而 $A_1 \bigcap A_2 \neq \varnothing$, 因而 B_2 连通. 对于 $i \leqslant n$, 若已证 B_i 连通, 由于 $A_i \bigcap A_{i+1} \neq \varnothing$, 因此 $B_i \bigcap A_{i+1} \neq \varnothing$, 这样 B_{i+1} 连通. 于是由归纳可知 $B_n = \bigcup\{A_i : i \leqslant n\}$ 连通. □

结论 4.22 $R^2 \backslash \{(0, 0)\}$ 仍是连通集.

证明 令 $A_1 = (0, +\infty) \times R$, $A_2 = R \times (0, +\infty)$, $A_3 = (-\infty, 0) \times R$, $A_4 = R \times (-\infty, 0)$. 由于连通空间的积空间是连通的, 因此 A_i 连通, $i \leqslant 4$. 又由于 $A_1 \bigcap A_2 \neq \varnothing$, $A_2 \bigcap A_3 \neq \varnothing$, $A_3 \bigcap A_4 \neq \varnothing$, 于是由引理 4.21 可知 $\bigcup\{A_i : i \leqslant 4\} = R^2 \backslash \{(0, 0)\}$ 连通. □

结论 4.23 R^2 与 R 不同胚.

证明 假若 R^2 与 R 同胚, 令 $f : R^2 \to R$ 为同胚映射. 若 $g = f|(R^2 \backslash \{(0, 0)\})$, 即对任意 $P \in R^2 \backslash \{(0, 0)\}$, 有 $g(P) = f(P)$. 由于 R^2 与 R 中的单点集都是闭集, 因此 $R^2 \backslash \{(0, 0)\}$ 与 $R \backslash \{f((0, 0))\}$ 分别是 R^2 与 R 中的开集, 且 $g : R^2 \backslash \{(0, 0)\} \to$

$R \setminus \{f((0,0))\}$ 是双映射.

对于 $R \setminus \{f((0,0))\}$ 中任一开集 U, U 也是 R 中开集. 因此 $g^{-1}(U) = f^{-1}(U) \subset R^2 \setminus \{(0,0)\}$ 是 R^2 中开集, 因此也是 $R^2 \setminus \{(0,0)\}$ 中的开集. 这样 g 是连续映射 (可证 g 是同胚映射). 由结论 4.22 可知 $R^2 \setminus \{(0,0)\}$ 连通, 这样由定理 4.9 可知 $R \setminus \{f((0,0))\}$ 连通, 这与 $R \setminus \{f((0,0))\}$ 不连通矛盾. 因此 R^2 与 R 不同胚. □

4.4 道路连通空间

定义 4.24 X 是拓扑空间, 如果对任意 $a, b \in X$, 都存在连续映射 $f : [0,1] \to X$, 使得 $f(0) = a$, $f(1) = b$, 则称 X 是道路连通空间, 称 $f([0,1])$ 是连接两点 a 与 b 的道路, 称 a 是该道路的起点, b 是该道路的终点.

例如实数直线 R 是道路连通空间, 这是因为对于 $x \in R$, $y \in R$, 不妨设 $x < y$, 令 $f : [0,1] \to R$ 满足 $f(t) = x + t(y - x)$, 则 f 连续且 $f(0) = x$, $f(1) = y$.

由于每个道路都是区间 $[0,1]$ 的连续映射像, 因此, 每个道路都是空间 X 中的连通集.

定理 4.25 如果空间 X 是道路连通空间, 则 X 是连通空间.

证明 取 $a \in X$, 对于 $X \setminus \{a\}$ 中的任意点 b, 存在连续映射 $f_b : [0,1] \to X$, 使得 $f_b(0) = a, f_b(1) = b$, 因此 $a \in f_b([0,1]), b \in f_b([0,1])$, 而 $f_b([0,1])$ 是连通集, 令 $B_b = f_b([0,1])$, 则 $X = \bigcup \{B_b : b \in X \setminus \{a\}\}$, 且 $a \in \bigcap \{B_b : b \in X \setminus \{a\}\}$, 因此由定理 4.6 可知 X 是连通空间. □

定理 4.26 如果空间 X 是道路连通空间, 且 $f : X \to Y$ 是连续的满映射, 则 Y 也是道路连通空间.

证明 对于 Y 中任意两点 y_1 与 y_2, 存在 X 中两点 x_1 与 x_2, 使得 $f(x_1) = y_1$, $f(x_2) = y_2$. 由于空间 X 是道路连通空间, 因此存在连续映射 $g : [0,1] \to X$, 使得 $g(0) = x_1$, $g(1) = x_2$. 因此 $k = f \circ g : [0,1] \to Y$ 连续, 使得 $k(0) = y_1$, $k(1) = y_2$. 因此 Y 是道路连通空间. □

定理 4.27 若 X_i 是道路连通空间, $i \in \{1, 2\}$, 则积空间 $X_1 \times X_2$ 也是道路连通空间.

证明 对于 $X_1 \times X_2$ 中的两点 $P_1(x_1, y_1)$ 与 $P_2(x_2, y_2)$，由 X_1 的道路连通性，存在连续映射 $f_1 : [0,1] \to X_1$，使得 $f_1(0) = x_1$，$f_1(1) = x_2$。由 X_2 的道路连通性，存在连续映射 $f_2 : [0,1] \to X_2$，使得 $f_2(0) = y_1$，$f_2(1) = y_2$。由定理 3.6 可知，若 $f : [0,1] \to X_1 \times X_2$ 满足 $f(t) = (f_1(t), f_2(t))$，则 f 是连续映射且 $f(0) = P_1(x_1, y_1)$，$f(1) = P_2(x_2, y_2)$，因此积空间 $X_1 \times X_2$ 也是道路连通空间。 $\square$

这样很容易得到如下定理：

定理 4.28 $n \in N$，对每个 $i \leqslant n$，若 X_i 是道路连通空间，则积空间 $\prod\limits_{i \leqslant n} X_i$ 也是道路连通空间。

这样可知 R^2 与 R^3 都是道路连通空间。

对于空间 X 的两条道路，若第二条道路的起点与第一条道路的终点重合，则它们仍是一条道路。为此，需要如下的引理。

引理 4.29 设 $X = A \bigcup B$ 且 A 与 B 都是 X 中的闭集，$f : A \to Y$ 与 $g : B \to Y$ 都是连续映射。若对任意 $x \in A \bigcap B$ 都有 $f(x) = g(x)$，则 f 和 g 可组成连续映射 $h : X \to Y$，使得当 $x \in A$ 时，有 $h(x) = f(x)$；当 $x \in B$ 时，有 $h(x) = g(x)$。

证明 对于 Y 中的任意闭集 C，$h^{-1}(C) = f^{-1}(C) \bigcup g^{-1}(C)$。由 f 与 g 的连续性可知 $f^{-1}(C)$ 与 $g^{-1}(C)$ 分别是子空间 A 与 B 中的闭集，而 A 与 B 又是 X 中的闭集，因此 $f^{-1}(C)$ 与 $g^{-1}(C)$ 是 X 中的闭集，这样 $h^{-1}(C) = f^{-1}(C) \bigcup g^{-1}(C)$ 是 X 中的闭集，因此映射 $h : X \to Y$ 连续。 $\square$

定理 4.30 若 $f : [0,1] \to X$ 连续，$g : [0,1] \to X$ 连续，且 $f(1) = g(0)$，则存在连续映射 $h : [0,1] \to X$ 使得 $h(0) = f(0)$，$h(1) = g(1)$ 且 $h([0,1]) = f([0,1]) \bigcup g([0,1])$。

证明 $[0,1] = \left[0, \dfrac{1}{2}\right] \cup \left[\dfrac{1}{2}, 1\right]$，令 $f_1 : \left[0, \dfrac{1}{2}\right] \to X$ 满足 $f_1(t) = f(2t)$，$g_1 : \left[\dfrac{1}{2}, 1\right] \to X$ 满足 $g_1(t) = g(2t-1)$。则 f_1 与 g_1 都连续且 $f_1\left(\dfrac{1}{2}\right) = g_1\left(\dfrac{1}{2}\right)$。

因此若 $h : [0,1] \to X$ 满足：

$$h(t) = \begin{cases} f_1(t), & t \in \left[0, \dfrac{1}{2}\right], \\ g_1(t), & t \in \left[\dfrac{1}{2}, 1\right], \end{cases}$$

则由引理 4.29 可知 h 连续, 且 $h([0,1]) = f([0,1]) \bigcup g([0,1])$. □

类似于连通集的性质, 由定理 4.30 可知 X 中可与点 x 道路连接的点 y 构成的集合是道路连通的.

下面说明并非每个连通空间都是道路连通空间.

在例 4.19 中的 $A \bigcup B$ 是连通空间, 但它不是道路连通空间.

例 4.31 令 $f(x) = \sin\left(\dfrac{1}{x}\right)$, $x \in \left(0, \dfrac{2}{\pi}\right]$, $A = \left\{(x, f(x)) : x \in \left(0, \dfrac{2}{\pi}\right]\right\}$, $B = \{(0, y) : -1 \leqslant y \leqslant 1\}$, 则 $A \bigcup B$ 是 R^2 中的连通集, 但它作为子空间不是道路连通空间.

证明 在例 4.19 中已证明 $A \bigcup B$ 是连通集, 下面说明它不是道路连通的.

令 $P_1 \in B$ 且 $P_1 \neq (0, 1)$, $P_1 \neq (0, -1)$, 令 $P_2 = \left(\dfrac{2}{\pi}, 1\right)$, 则 $P_2 \in A$. 假若存在 $g : [0,1] \to A \bigcup B$ 连续, 且使得 $g(0) = P_1$, $g(1) = P_2$. 由于 B 是 $A \bigcup B$ 中的闭集, 因此 $C = \{t : g(t) \in B\} = g^{-1}(B)$ 是 $[0,1]$ 中的闭集, 因此 C 有上确界 b. 由于 C 是闭集, 因此 $b \in C$. 由于 $g(1) \notin B$, 因此 $1 \notin C$, 这样 C 是 $[0,1]$ 中的真子集, 且 $b \neq 1$. 对于任意 $t \in (b, 1]$, $g(t) \notin B$. 由于 $[b, 1]$ 与 $[0, 1]$ 同胚, 因此不妨设 $g : [0, 1] \to A \bigcup B = X$ 连续, 使得 $g(0) = P_1 \in B$, $g(1) = P_2$, 且对任意 $t \in (0, 1]$, $g(t) \notin B$. 令 $g(t) = (x(t), y(t))$, $t \in [0, 1]$, 其中 $y(t) = \sin\dfrac{1}{x(t)}$, $x(t) > 0$, $t \in (0, 1]$, 且 $x(t)$ 是连续函数.

对任意 $n \in N$, 存在 $u_n \in \left(0, x\left(\dfrac{1}{n}\right)\right)$, 使得 $\sin\dfrac{1}{u_n} = (-1)^n$. 由于 $x(t)$ 是连续函数, 且 $\left[0, \dfrac{1}{n}\right]$ 是连通集, 因此由介值定理可知, 存在 $t_n \in \left[0, \dfrac{1}{n}\right]$, 使得 $x(t_n) = u_n$. 这样 $y(t_n) = \sin\dfrac{1}{x(t_n)} = \sin\dfrac{1}{u_n} = (-1)^n$. 由于序列 $\{t_n\}_{n \in N}$ 收敛于 0, 但序列 $\{y(t_n)\}_{n \in N} = \{(-1)^n\}_{n \in N}$ 不收敛, 这与 $y(t)$ 是连续函数矛盾. 因此不存在道路 $g : [0, 1] \to A \bigcup B$, 使得 $g(0) = P_1$, $g(1) = P_2$. 因此 $A \bigcup B$ 是连通集, 但它不是道路

连通的.   □

练　习

4.1　证明空间 X 中包含给定点 x 的所有连通集的并是闭的连通集.

4.2　$A \subset R^2$ 且 $|A| \leq \omega$, 则 $R^2 \setminus A$ 也连通.

4.3　设 X 是连通空间, Y 是 X 的连通集且 $X \setminus Y = A \bigcup B$, 其中 A 与 B 是可分离集 ($A \neq \varnothing, B \neq \varnothing, \overline{A} \bigcap B = \overline{B} \bigcap A = \varnothing$), 证明 $A \bigcup Y$ 是连通集.

4.4　A 是 X 中的非空既开又闭的集合, B 是 X 中的连通集, 若 $A \bigcap B \neq \varnothing$, 则 $B \subset A$.

4.5　下列空间是否连通?
(1) $X = \{a, b, c\}$, 拓扑 $\mathcal{T} = \{X, \varnothing, \{a\}, \{a, b\}, \{a, c\}\}$;
(2) $Y = \{a, b, c\}$, 拓扑 $\mathcal{T} = \{Y, \varnothing, \{a\}, \{a, c\}\}$;
(3) $X = \{a, b, c\}$, 拓扑 $\mathcal{T} = \{X, \varnothing, \{a\}, \{b\}, \{a, b\}, \{b, c\}\}$;
(4) $X = \{a, b, c\}$, 拓扑 $\mathcal{T} = \{X, \varnothing, \{b\}, \{a, c\}\}$;
(5) $X = \{a, b, c, d\}$, $\mathcal{T} = \{X, \varnothing, \{a, c\}, \{d\}, \{b, d\}, \{a, c, d\}\}$.

4.6　证明连通空间的连续映射像是连通空间.

4.7　证明 R 上的连通集都是凸集.

4.8　R 是实数直线, 拓扑是通常拓扑, 下列集合是否连通?
(1) $Y = (1, 2) \cup (2, 5)$;
(2) $Y = (1, 3) \cup (3, 5]$;
(3) $Y = [1, 3) \cup (3, 5]$;
(4) $Y = [1, 3) \cup [3, 5)$;
(5) $Y = [1, 2] \cup (3, 5]$;
(6) $A = Q$;
(7) $A = \{\pi, \pi + 1\}$;
(8) $A = Q \cup I$;
(9) $A = \overline{Q}$.

4.9　R 是实数直线, 拓扑是通常拓扑, X 是连通空间且映射 $f : X \to R$ 连续. 证明如果存在 $x \in X, y \in X$ 使得 $f(x)f(y) < 0$, 则存在 $z \in X$ 使得 $f(z) = 0$.

4.10　证明 R^2 与 R 不同胚.

4.11　证明 R 与 $[1, 2)$ 不同胚.

4.12　R 是实数直线, 拓扑是通常拓扑, $A \subset R^2$, A 是否连通?
(1) $A = (1, 2) \times (3, 4)$;
(2) $A = (1, 2) \times \{3\}$;
(3) $A = Q \times Q$, 其中 Q 是有理数集;
(4) $A = \{\langle x, y \rangle : x^2 + y^2 < 4\}$;
(5) $A = \{\langle x, y \rangle : x + y = 4\}$;
(6) $A = \{\langle x, y \rangle : x^2 + y^2 < 4\} \cup \{\langle x, y \rangle : x^2 + y^2 > 4\}$;
(7) $A = \{\langle x, y \rangle \in [0, 1]^2 : x \text{ 不是有理数或 } y \text{ 不是有理数}\}$.

第 5 章 紧 空 间

前面介绍过 Lindelöf 空间的概念，本章将主要研究比 Lindelöf 性质更强的空间类的性质，即紧空间的性质.

如果对空间 X 的任意开覆盖 $\mathcal{U}$ 都存在有限子集族 $\mathcal{U}_1 \subset \mathcal{U}$，使得 $X = \bigcup \mathcal{U}_1$，则称 X 是紧空间，称 $\mathcal{U}_1$ 是 X 的覆盖 $\mathcal{U}$ 的有限子覆盖. 由定义可以知道，每个紧空间都是 Lindelöf 空间. 若 X 只有有限个点，无论 X 取什么拓扑，X 总是紧空间.

若 X 是拓扑空间，$A \subset X$，且 A 作为 X 的子空间是紧空间，则称 A 是 X 的紧子集，简称为紧集. 例如：$X = R$，取通常拓扑，若 $A = \{0\} \cup \left\{\dfrac{1}{n} : n \in N\right\}$，则容易验证 A 是紧集. R 本身不是紧空间，因为对于 R 的开覆盖 $\mathcal{U} = \{(-n, n) : n \in N\}$，$\mathcal{U}$ 不存在有限子覆盖. 同理可以知道 $(0, 1]$ 不是 R 的紧子集.

5.1 紧空间与紧集的等价命题及性质

定理 5.1 X 是拓扑空间，$A \subset X$，A 是紧集当且仅当对 X 的任意一开集族 $\mathcal{U}$，若 $A \subset \bigcup \mathcal{U}$，则存在有限子族 $\mathcal{U}_1 \subset \mathcal{U}$，使得 $A \subset \bigcup \mathcal{U}_1$.

证明 "$\Rightarrow$" A 作为子空间是紧空间，由于 $A \subset \bigcup \mathcal{U}$，因此 $A = \bigcup\{U \cap A : U \in \mathcal{U}\}$，而 $\{U \cap A : U \in \mathcal{U}\}$ 是子空间 A 的开覆盖，因此存在有限子族 $\mathcal{U}_1 \subset \mathcal{U}$，使得 $A = \bigcup\{U \cap A : U \in \mathcal{U}_1\}$，于是 $A \subset \bigcup \mathcal{U}_1$.

"$\Leftarrow$" 令 $\mathcal{U}_0$ 是子空间 A 的任意开覆盖，因此对任意 $U \in \mathcal{U}_0$，存在 X 中的开集 V_U，使得 $U = V_U \cap A$. 于是 $A \subset \bigcup\{V_U : U \in \mathcal{U}_0\}$. 由已知，存在有限子族 $\mathcal{U}_1 \subset \mathcal{U}_0$，使得 $A \subset \bigcup\{V_U : U \in \mathcal{U}_1\}$. 因此 $A = \bigcup\{V_U \cap A : U \in \mathcal{U}_1\} = \bigcup\{U : U \in \mathcal{U}_1\}$，因此 A 是 X 的紧子空间，这样 A 是紧集. □

定理 5.2 X 是紧拓扑空间，$f : X \to Y$ 是连续映射，则 $f(X)$ 是 Y 的紧子集.

证明 对 Y 中的任意开集族 $\mathcal{U}$，若 $f(X) \subset \bigcup \mathcal{U}$，则对任意 $U \in \mathcal{U}$，$f^{-1}(U)$ 是空间 X 中的开集，因此 $X = \bigcup \{f^{-1}(U) : U \in \mathcal{U}\}$. X 是紧空间，因此存在有限子族

$\mathcal{U}_1 \subset \mathcal{U}$, 使得 $X = \bigcup\{f^{-1}(U) : U \in \mathcal{U}_1\}$. 这样有 $f(X) = \bigcup\{f(f^{-1}(U)) : U \in \mathcal{U}_1\} \subset \bigcup\{U : U \in \mathcal{U}_1\}$. 由定理 5.1 可知, $f(X)$ 是 Y 的紧子集. □

X 是拓扑空间, $\mathcal{F}$ 是 X 上的一集族, 如果对于任意非空有限子族 $\mathcal{F}_1 \subset \mathcal{F}$, 都有 $\bigcap \mathcal{F}_1 \neq \varnothing$, 则称 $\mathcal{F}$ 是具有有限交性质的集族. 如果 $\mathcal{F}$ 中的任意元都是 X 中的闭集, 且 $\mathcal{F}$ 是具有有限交性质的集族, 则称 $\mathcal{F}$ 是具有有限交性质的闭集族.

定理 5.3 X 是拓扑空间, X 是紧空间的充要条件是 X 中的每个具有有限交性质的闭集族 $\mathcal{F}$, $\bigcap \mathcal{F} \neq \varnothing$.

证明 "⇒" $\mathcal{F}$ 是 X 中具有有限交性质的闭集族. 假若 $\bigcap \mathcal{F} = \varnothing$, 则 $X = \bigcup\{X \setminus F : F \in \mathcal{F}\}$. 对于任意 $F \in \mathcal{F}$, $X \setminus F$ 是开集, 因此 $\{X \setminus F : F \in \mathcal{F}\}$ 是 X 的一开覆盖. X 是紧空间, 因此存在有限子族 $\mathcal{F}_1 \subset \mathcal{F}$, 使得 $X = \bigcup\{X \setminus F : F \in \mathcal{F}_1\}$, 这样有 $\bigcap \mathcal{F}_1 = \varnothing$, 这与 $\mathcal{F}$ 是具有有限交性质的闭集族矛盾.

"⇐" 假若空间 X 存在开覆盖 $\mathcal{U}$, 使得 $\mathcal{U}$ 不存在有限子覆盖. 令 $\mathcal{F} = \{X \setminus \bigcup \mathcal{U}_1 : \mathcal{U}_1 \subset \mathcal{U}, |\mathcal{U}_1| < \omega\}$, 则 $\mathcal{F}$ 是 X 的具有有限交性质的闭集族, 因此 $\bigcap \mathcal{F} \neq \varnothing$. 另一方面, 对任意 $x \in X$, 存在 $U \in \mathcal{U}$, 使得 $x \in U$, 因此 $x \notin X \setminus U$, 这样有 $x \notin \bigcap \mathcal{F}$, 因此 $\bigcap \mathcal{F} = \varnothing$, 但这与 $\bigcap \mathcal{F} \neq \varnothing$ 矛盾. 因此对空间 X 的任意开覆盖 $\mathcal{U}$, $\mathcal{U}$ 都存在有限子覆盖, 即 X 是紧空间. □

定理 5.4 X 是紧空间, 则 X 的每个闭子空间也是紧空间.

证明 $F \subset X$, F 是 X 的闭子空间. 令 $\mathcal{U}$ 是 X 中的开集族, 使得 $F \subset \bigcup \mathcal{U}$. 这样有 $X = (X \setminus F) \bigcup (\bigcup \mathcal{U})$. $\mathcal{U} \bigcup \{X \setminus F\}$ 是 X 的开覆盖, X 是紧空间, 因此 $\mathcal{U} \bigcup \{X \setminus F\}$ 存在有限子覆盖 $\mathcal{U}_1$. 令 $\mathcal{U}_2 = \{U : U \in \mathcal{U}_1, U \bigcap F \neq \varnothing\}$, 则 $\mathcal{U}_2 \subset \mathcal{U}$, $|\mathcal{U}_2| < \omega$ 且 $F \subset \bigcup \mathcal{U}_2$. 因此由定理 5.1 可知, F 是 X 的紧子集. □

5.2 R 中的紧集

下面研究 R 中的紧集. 在 R 中, $A \subset R$, 若存在 $a \in R$ 且 $a > 0$, 使得 $A \subset [-a, a]$, 则称集合 A 是有界集.

结论 5.5 $X = R$, 取通常拓扑, 若 $A \subset R$ 是紧集, 则 A 是有界集.

证明 对任意 $x \in A$, $x \in (x-1, x+1)$, 因此 $A \subset \bigcup\{(x-1, x+1) : x \in A\}$. 因此存在有限子集 $A_1 \subset A$, 使得 $A \subset \bigcup\{(x-1, x+1) : x \in A_1\}$, 令 $a = \max\{|x| + 1 :$

$x \in A_1\}$. 对任意 $y \in A$, 存在 $x \in A_1$, 使得 $y \in (x-1, x+1)$, 因此 $|y| \leq |x| + 1 \leq a$, 这样 $A \subset [-a, a]$. □

结论 5.6 $X = R$, 取通常拓扑, $[a, b]$ 是 R 中的闭区间, 则 $[a, b]$ 是紧集.

证明   令 $\mathcal{U}$ 是 R 中的开集族, 使得 $[a, b] \subset \bigcup \mathcal{U}$. 令 $A = \{x : 存在 \mathcal{U}$ 中的有限子族 $\mathcal{U}_x \subset \mathcal{U}$, 使得 $[a, x] \subset \bigcup \mathcal{U}_x, x \in [a, b]\}$. 由于 $a \in A$, 因此 A 是 R 中非空有上界的集合, 这样 A 有上确界 c, 于是 $c \leq b$. 对任意 $U_a \in \mathcal{U}$, 若 $a \in U_a$, 则 $U_a \bigcap [a, b] \neq \{a\}$, 这样有 $c \neq a$. 由于 $c \in (a, b]$, 因此存在 $U \in \mathcal{U}$, 使得 $c \in U$. 这样存在 $c_1 \in U \bigcap A$, 使得 $[c_1, c] \subset U$. 由于 $c_1 \in A$, 因此 $[a, c_1]$ 可以被 $\mathcal{U}$ 中有限子族 $\mathcal{U}_{c_1}$ 覆盖, 即 $[a, c_1] \subset \bigcup \mathcal{U}_{c_1}$, 这样有 $[a, c] \subset (\bigcup \mathcal{U}_{c_1}) \bigcup U$, 因此 $c \in A$. 下面证明 $c = b$.

假如 $c < b$, 由于存在 $U \in \mathcal{U}$, 使得 $c \in U$, 而 U 是 R 中的开集, 因此存在 $\varepsilon > 0$, 使得 $(c - \varepsilon, c + \varepsilon) \subset U$ 且 $c + \varepsilon < b$. 于是 $[c, c + \varepsilon) \subset U$. $c \in A$, 因此存在有限子族 $\mathcal{U}_c \subset \mathcal{U}$, 使得 $[a, c] \subset \bigcup \mathcal{U}_c$. 由于 $\left[c, c + \dfrac{\varepsilon}{2}\right] \subset U$, 于是 $\left[a, c + \dfrac{\varepsilon}{2}\right] \subset (\bigcup \mathcal{U}_c) \bigcup U$, 因此 $c + \dfrac{\varepsilon}{2} \in A$, 但 $c + \dfrac{\varepsilon}{2} > c$, 矛盾. 因此 $c = b$, 这样存在有限子族 $\mathcal{U}_1 \subset \mathcal{U}$, 使得 $[a, b] \subset \bigcup \mathcal{U}_1$, 这样 $[a, b]$ 是 R 中的紧子集. □

定理 5.7 $X = R$, 在 X 上取通常拓扑, $A \subset X$, A 是紧集的充要条件是 A 是 R 中的有界闭集.

证明   "⇒" A 是紧集, 则由结论 5.5 知, 存在 $a \in R$ 且 $a > 0$, 使得 $A \subset [-a, a]$. 因此 A 是 R 中的有界集. 对任一 $x \notin A$, 及任一 $y \in A$, 则 $x \neq y$, 令 $U_y = \left(y - \dfrac{|x-y|}{2}, y + \dfrac{|x-y|}{2}\right)$, 则 $y \in U_y$, 于是 $A \subset \bigcup\{U_y : y \in A\}$, 由 A 的紧性质, 存在有限集 $A_1 \subset A$, 使得 $A \subset \bigcup\{U_y : y \in A_1\}$. 于是令 $U_x = \bigcap\left\{\left(x - \dfrac{|x-y|}{2}, x + \dfrac{|x-y|}{2}\right) : y \in A_1\right\}$, 因此 $x \in U_x$, $U_x \bigcap A = \varnothing$ 且 U_x 是 R 中的开集, 这样 A 是 R 中的闭集. 因此 A 是 R 中的有界闭集.

"⇐" 若 A 是 R 中的有界闭集, 则存在 $a \in R$ 且 $a > 0$, 使得 $A \subset [-a, a]$. 由于 $[-a, a]$ 是紧集, A 是闭集, 因此 A 也是紧集 (由定理 5.4 得). □

5.3 R^n 中的紧集

为了研究 R^2 中的紧集, 首先研究紧空间的有限积空间的紧性质.

定理 5.8 若 X 与 Y 都是紧空间, 则积空间 $X \times Y$ 也是紧空间.

证明 令 $\mathcal{U}$ 是 $X \times Y$ 的任一开覆盖. 对任一 $(x,y) \in X \times Y$, 存在 $U \in \mathcal{U}$, 使得 $(x,y) \in U$. 于是分别存在 X 与 Y 中的开集 V_y^x 及 U_y^x, 使得 $(x,y) \in (V_y^x \times U_y^x) \subset U$. 于是 $Y = \bigcup \{U_y^x : y \in Y\}$. 由 Y 的紧性质可知, 存在有限集 $Y_x \subset Y$, 使得 $Y = \bigcup \{U_y^x : y \in Y_x\}$. 令 $V_x = \bigcap \{V_x^y : y \in Y_x\}$, 则 $x \in V_x$, 且 V_x 是 X 中的开集. 于是 $X = \bigcup \{V_x : x \in X\}$, 这样存在有限集 $X_1 \subset X$, 使得 $X = \bigcup \{V_x : x \in X_1\}$. 对任一 $(x_1, y_1) \in X \times Y$, 则存在 $x \in X_1$, 使得 $x_1 \in V_x$, 于是对每个 $y \in Y_x$, $x_1 \in V_x^y$, 其中 Y_x 是有限集, 同时有 $Y = \bigcup \{U_y^x : y \in Y_x\}$. 于是存在 $y \in Y_x$, 使得 $y_1 \in U_y^x$. 因此 $(x_1, y_1) \in V_x^y \times U_y^x$, 而 $V_x^y \times U_y^x$ 被 $\mathcal{U}$ 中的某个元所包含, 因此 $X \times Y = \bigcup \{V_x^y \times U_y^x : x \in X_1, y \in Y_x\}$, 其中 $|X_1| < \omega$, 且对每个 $x \in X_1$, $|Y_x| < \omega$. 因此 $X \times Y$ 是紧空间. $\square$

推论 5.9 对 $n \in N$ 及 $a \in R$ 且 $a > 0$, 则 $[-a,a]^n \subset R^n$ 是 R^n 中的紧集.

下面讨论 R^n 中的紧集, 首先看一下 R^n 所具有的性质. R^n 是积空间, 因此 R^n 具有基 $\mathcal{B} = \left\{ \prod_{m \leq n} B_m : \text{其中 } B_m \text{ 是 } R \text{ 中的开集} \right\}$.

对 R^n 中的任意两点 $x = (x_i : i \leq n)$, $y = (y_i : i \leq n)$, 如果 $x \neq y$, 则存在 $i \leq n$, 使得 $x_i \neq y_i$. 令 $U_i = \left(x_i - \frac{|x_i - y_i|}{2}, x_i + \frac{|x_i - y_i|}{2} \right)$, $V_i = \left(y_i - \frac{|x_i - y_i|}{2}, y_i + \frac{|x_i - y_i|}{2} \right)$, 则 U_i 与 V_i 是 R 中的两不相交的开集, 且 $x_i \in U_i, y_i \in V_i$, 令 $P_i : R^n \to R$ 是投影映射, 则 $x \in P_i^{-1}(U_i)$, $y \in P_i^{-1}(V_i)$, 且 $P_i^{-1}(U_i)$ 与 $P_i^{-1}(V_i)$ 是 R^n 中的两不相交的开集, 因此对 R^n 中的两不同点 x 与 y, 存在两不相交的开集 $U_x = P_i^{-1}(U_i)$, $V_y = P_i^{-1}(V_i)$, 使得 $x \in U_x, y \in V_y$.

把具有如上性质的拓扑空间称为 T_2 空间. 如果空间 X 中任意两不同的点 x 与 y, 都存在不相交开集 U 与 V, 使得 $x \in U, y \in V$, 则称 X 为 T_2 拓扑空间, 简称为 T_2 空间. T_2 空间也称为 Hausdorff 空间. 因此 R^n 是 T_2 拓扑空间.

对于 $x,y \in R^n$, $x = (x_i : i \leqslant n)$, $y = (y_i : i \leqslant n)$, 定义 $d(x,y) = \sqrt{\sum_{i=1}^{n}(x_i - y_i)^2}$, 则 $d(x,y)$ 具有如下性质:

(1) $d(x,y) = 0$ 当且仅当 $x = y$;
(2) $d(x,y) = d(y,x)$;
(3) $d(x,y) \leqslant d(x,z) + d(z,y)$, $x,y,z \in R^n$.

性质 (1) 与 (2) 是显然的, 下面证明性质 (3).

令 $x = (x_i : i \leqslant n)$, $y = (y_i : i \leqslant n)$, $z = (z_i : i \leqslant n)$,

$$d(x,y) = \sqrt{\sum_{i=1}^{n}(x_i - y_i)^2}, \text{ 则 } d(x,y)^2 = \sum_{i=1}^{n}(x_i - y_i)^2,$$

$$d(x,y)^2 = \sum_{i=1}^{n}(x_i - z_i + z_i - y_i)^2$$

$$= \sum_{i=1}^{n}(x_i - z_i)^2 + 2\sum_{i=1}^{n}(x_i - z_i)(z_i - y_i) + \sum_{i=1}^{n}(z_i - y_i)^2$$

$$\leqslant \sum_{i=1}^{n}(x_i - z_i)^2 + 2\sqrt{\sum_{i=1}^{n}(x_i - z_i)^2}\sqrt{\sum_{i=1}^{n}(z_i - y_i)^2} + \sum_{i=1}^{n}(z_i - y_i)^2$$

$$= d(x,z)^2 + 2d(x,z)d(z,y) + d(z,y)^2$$

$$= (d(x,z) + d(z,y))^2.$$

因此 $d(x,y) \leqslant d(x,z) + d(z,y)$.

令 $B(x,\varepsilon) = \{y : y \in R^n, d(x,y) < \varepsilon\}$.

一方面, 如果令 $B_i = \left\{y_i : y_i \in R, |x_i - y_i| < \dfrac{\varepsilon}{\sqrt{n}}\right\}$, 则 $x_i \in B_i$, B_i 是 R 中的开集, 且 $x \in \prod_{i=1}^{n} B_i \subset B(x,\varepsilon)$. 此性质说明对 R^n 中的某一非空集 U, 若对任意 $x \in U$, 都存在 $\varepsilon_x > 0$, 使得 $x \in B(x,\varepsilon_x) \subset U$, 则 U 是 R^n 中的开集.

另一方面, 对 R^n 中含 x 的任一开集 U, 则存在 $\varepsilon > 0$, 使得 $x \in \prod_{i=1}^{n} B_i' \subset U$, 其

中 $B_i' = (x_i-\varepsilon, x_i+\varepsilon)$. 对任一 $y \in B(x,\varepsilon), y = (y_i : i \leqslant n)$, 都有 $\sqrt{\sum\limits_{i=1}^{n}(y_i - x_i)^2} < \varepsilon$, 这样有 $|x_i - y_i| < \varepsilon$, 于是有 $y \in \prod\limits_{i=1}^{n} B_i'$, 因此 $x \in B(x,\varepsilon) \subset U$, 即对 R^n 中的任一开集 U, 若 $x \in U$, 都存在 $\varepsilon_x > 0$, 使得 $x \in B(x,\varepsilon_x) \subset U$.

从上述分析可看出: U 是 R^n 中的非空开集当且仅当对任一 $x \in U$, 都存在 $\varepsilon_x > 0$, 使得 $B(x,\varepsilon_x) \subset U$.

因此由上述性质及性质 (3) 可知: 对任意 $y \in B(x,\varepsilon), B(y,\varepsilon-d(x,y)) \subset B(x,\varepsilon)$, 因此 $B(x,\varepsilon)$ 总是开集.

在 R^n 中, 若 $A \subset R^n$, 且存在 $m > 0$, 使得 $A \subset [-m,m]^n$, 则称 A 是 R^n 中的有界集.

定理 5.10 如果 X 是 T_2 拓扑空间, $A \subset X$ 是 X 中的紧集, 则 A 是 X 中的闭集.

证明 对任一 $x \notin A$, 任取 $y \in A$, 则 $x \neq y$. 因此存在两不相交的开集 U_x^y 及 V_y^x, 使得 $x \in U_x^y, y \in V_y^x$. 这样 $A \subset \bigcup \{V_y^x : y \in A\}$, A 是紧集, 因此存在 n 及 $y_i \in A, i \leqslant n$, 使得 $A \subset \bigcup \{V_{y_i}^x : i \leqslant n\}$, 令 $V_x = \bigcap \{U_x^{y_i} : i \leqslant n\}$, 则 $x \in V_x$, V_x 是开集且 $V_x \bigcap A = \varnothing$, 因此 A 是闭集. □

定理 5.11 $A \subset R^n$, A 是紧集的充要条件是: A 是 R^n 中的有界闭集.

证明 "$\Leftarrow$" 若 A 是 R^n 的有界闭集, 于是存在 $a > 0$, 使得 $A \subset [-a,a]^n$, 而 $[-a,a]^n$ 是紧集, 且 A 是闭集, 因此 A 是紧集.

"$\Rightarrow$" 由于 R^n 是 T_2 空间, 因此 R^n 中的紧集都是闭集 (由定理 5.10 得). 对任一 $x \in A, x \in B(x,1)$, 于是 $A \subset \bigcup \{B(x,1) : x \in A\}$. 由紧性质可知, 存在 $m_1 \in N$ 及 $x_i \in A, i \leqslant m_1$, 使得 $A \subset \bigcup \{B(x_i,1) : i \leqslant m_1\}$. 令 $a = \max\{d(p,x_i)+1 : i \leqslant m_1\}$, 其中 $p = (0,\cdots,0)$. 对于任意 $x \in A$, 存在 $i \leqslant m_1$ 使得 $x \in B(x_i,1)$. 因此 $d(p,x) \leqslant d(p,x_i) + d(x_i,x) < d(p,x_i) + 1 \leqslant a$. 于是 $A \subset [-a,a]^n$. □

定理 5.12 如果 X 是紧空间, $f: X \to Y$ 是连续映射, Y 是 T_2 空间, 则 $f(X)$ 是 Y 中的闭集.

证明 由定理 5.2 知, $f(X)$ 是 Y 的紧集, 而由定理 5.10 可知 $f(X)$ 是 Y 的闭集. □

下面将得到在数学分析中所熟悉的定理:

定理 5.13 如果 $f: X \to R$ 是连续映射, 且 $A \subset X$ 是 X 中的紧集, 则 f 在 A 上可取得最大 (小) 值.

证明 由定理 5.2 可知 $f(A)$ 是 R 中的紧集, 由于 R 是 T_2 空间, 因此 $f(A)$ 是 R 中的闭集. 由于 R 中的紧集是有界集, 因此 $f(A)$ 是 R 中的有界闭集. 令 M 与 m 分别为 $f(A)$ 的上确界与下确界, 由于 $f(A)$ 是 R 中的闭集, 因此 $M \in f(A)$, $m \in f(A)$. 于是 $f(A)$ 有最大值 M 与最小值 m, 这样存在 x_1 及 $x_2 \in A$, 使得 $f(x_1) = M, f(x_2) = m$. □

由上面的结论, 可以得到在数学分析中非常重要的结论:

如果 $f: [a,b] \to R$ 连续, 则映射 f 在 $[a,b]$ 上可以取得最大 (小) 值; 如果 $f: [a,b] \times [c,d] \to R$ 连续, 则 f 可以取得最大 (小) 值.

5.4 紧空间的无限积空间

前面已证明在 R^n 中, 如果 $a > 0$, 则 $[-a,a]^n$ 是紧集, 但 R^n 不是紧空间. 由于 R^n 是第二可数空间, 因此 R^n 是 Lindelöf 空间. 前面讨论了紧空间的有限积, 下面讨论紧空间的无限积空间的紧性质.

引理 5.14 X 是拓扑空间, $\mathcal{F}$ 是 X 中的具有有限交性质的集族, 则存在 $\mathcal{U}_\mathcal{F}$ 是具有有限交性质的集族, 使得 $\mathcal{F} \subset \mathcal{U}_\mathcal{F}$, 且对任一具有有限交性质的集族 $\mathcal{V}_\mathcal{F}$, 若 $\mathcal{U}_\mathcal{F} \subset \mathcal{V}_\mathcal{F}$, 则 $\mathcal{U}_\mathcal{F} = \mathcal{V}_\mathcal{F}$ (称 $\mathcal{U}_\mathcal{F}$ 是包含 $\mathcal{F}$ 且具有有限交性质的极大族).

证明 令 $\varphi = \{\mathcal{U}: \mathcal{F} \subset \mathcal{U}, \mathcal{U}$ 具有有限交性质 $\}$, 则 $\subset$ 是 φ 的偏序关系. 令 φ_1 是 φ 上的任一线性序子集, 即 $\varphi_1 \subset \varphi$, 且任一 $\mathcal{U}_1, \mathcal{U}_2 \in \varphi_1$, 有 $\mathcal{U}_1 \subset \mathcal{U}_2$ 或 $\mathcal{U}_2 \subset \mathcal{U}_1$.

需说明 $\bigcup \varphi_1$ 是 φ_1 在 φ 中的上界.

首先, 对任一 $F \in \mathcal{F}$, 有 $F \in \mathcal{U}, \mathcal{U} \in \varphi_1$, 因此 $F \in \bigcup \varphi_1$, 这样有 $\mathcal{F} \subset \bigcup \varphi_1$. 对于 $\bigcup \varphi_1$ 中的有限个元素 $A_1, A_2, \cdots, A_n, n \in N$, 存在 $\mathcal{U}_i \in \varphi_1$, 使得 $A_i \in \mathcal{U}_i, i \leqslant n$, 由 φ_1 的线性性质, 存在 $m \leqslant n$, 使得 $\mathcal{U}_i \subset \mathcal{U}_m, i \leqslant n$. 因此 $A_i \in \mathcal{U}_m, i \leqslant n$, 由于

$\mathcal{U}_m$ 是具有有限交性质的集族, 这样 $\bigcap\limits_{i\leqslant n} A_i \neq \varnothing$. 因此由引理 1.20 知, φ 存在极大元 $\mathcal{U}_\mathcal{F}$.

因此对任一具有有限交性质的集族 $\mathcal{V}_\mathcal{F}$, 若 $\mathcal{U}_\mathcal{F} \subset \mathcal{V}_\mathcal{F}$, 则 $\mathcal{U}_\mathcal{F} = \mathcal{V}_\mathcal{F}$. □

说明 若 $\mathcal{F}$ 是 X 中的具有有限交性质的集族, $\mathcal{U}_\mathcal{F}$ 是包含 $\mathcal{F}$ 且具有有限交性质的极大族, 对任意 $n \in N$, 若 $A_i \in \mathcal{U}_\mathcal{F}$, $i \leqslant n$, 则 $\mathcal{U}_\mathcal{F} \bigcup \{\bigcap\{A_i : i \leqslant n\}\}$ 也具有有限交性质, 且 $\mathcal{F} \subset \mathcal{U}_\mathcal{F} \bigcup \{\bigcap\{A_i : i \leqslant n\}\}$. 由 $\mathcal{U}_\mathcal{F}$ 的极大性质可知 $\mathcal{U}_\mathcal{F} \bigcup \{\bigcap\{A_i : i \leqslant n\}\} = \mathcal{U}_\mathcal{F}$, 因此有 $\bigcap\{A_i : i \leqslant n\} \in \mathcal{U}_\mathcal{F}$.

定理 5.15 对 $\alpha \in \Lambda$, 若 X_α 是紧空间, 则 $\prod\limits_{\alpha \in \Lambda} X_\alpha$ 也是紧空间.

证明 令 $\mathcal{F}$ 是 $\prod\limits_{\alpha \in \Lambda} X_\alpha$ 中的具有有限交性质的任一闭集族. 令 $\mathcal{U}_\mathcal{F}$ 是 $\prod\limits_{\alpha \in \Lambda} X_\alpha$ 中包含 $\mathcal{F}$ 且具有有限交性质的极大集族. 对任意 $\alpha \in \Lambda$, 令 $P_\alpha : \prod\limits_{\beta \in \Lambda} X_\beta \to X_\alpha$ 是投影映射, 则 $\mathcal{U}_\alpha = \{P_\alpha(F) : F \in \mathcal{U}_\mathcal{F}\}$ 是 X_α 中具有有限交性质的集族, 由 X_α 的紧性质可知, 存在 $x_\alpha \in \bigcap\{\overline{P_\alpha(F)} : F \in \mathcal{U}_\mathcal{F}\}$.

令 $x = (x_\alpha : \alpha \in \Lambda)$, 对于 X_α 中含 x_α 的任一开集 U_α, 有 $U_\alpha \bigcap P_\alpha(F) \neq \varnothing$, $F \in \mathcal{U}_\mathcal{F}$, 于是 $P_\alpha^{-1}(U_\alpha) \bigcap F \neq \varnothing$. 由于 $\mathcal{U}_\mathcal{F}$ 中有限个元的交仍是 $\mathcal{U}_\mathcal{F}$ 中的元, 因此 $\mathcal{U}_\mathcal{F} \bigcup \{P_\alpha^{-1}(U_\alpha)\}$ 也是具有有限交性质的集族. 这样 $P_\alpha^{-1}(U_\alpha) \in \mathcal{U}_\mathcal{F}$.

对 $\prod\limits_{\alpha \in \Lambda} X_\alpha$ 中含 x 的任一开集 U, 存在 $n \in N$, 及 U_{α_i} 是 X_{α_i} 中开集, 使得 $x_{\alpha_i} \in U_{\alpha_i}$, $i \leqslant n$. 因此 $x \in \bigcap_{i \leqslant n} P_{\alpha_i}^{-1}(U_{\alpha_i}) \subset U$. 由于 $P_{\alpha_i}^{-1}(U_{\alpha_i}) \in \mathcal{U}_\mathcal{F}$, $\mathcal{U}_\mathcal{F}$ 是具有有限交性质且包含 $\mathcal{F}$ 的极大集族, 因此由前面的说明可知 $\bigcap_{i \leqslant n} P_{\alpha_i}^{-1}(U_{\alpha_i}) \in \mathcal{U}_\mathcal{F}$, 于是对任一 $F \in \mathcal{F}$, 有 $(\bigcap_{i \leqslant n} P_{\alpha_i}^{-1}(U_{\alpha_i})) \bigcap F \neq \varnothing$, 因此 $U \bigcap F \neq \varnothing$, 这样 $x \in \overline{F}$. 而 F 是闭集, 因此 $x \in F$. 这样 $x \in \bigcap \mathcal{F}$, 因此由定理 5.3 可知, $\prod\limits_{\alpha \in \Lambda} X_\alpha$ 是紧空间. □

5.5 完备映射

紧空间的连续映射像空间是紧空间, 但紧空间的逆像不一定是紧空间.

例 5.16
$$f(x) = \begin{cases} 0, & x \leq 0, \\ x, & 0 < x < 1, \\ 1, & x \geq 1, \end{cases}$$

$f: R \to [0,1]$ 是满连续映射, $[0,1]$ 是紧空间, 但 $f^{-1}([0,1]) = R$ 不是紧空间.

下面讨论一下紧集的逆像是紧集的映射.

定义 5.17 $f: X \to Y$ 是连续的闭满映射, 若对任意 $y \in Y$, $f^{-1}(y)$ 是 X 中的紧子集, 则称 f 是完备映射.

定理 5.18 $f: X \to Y$ 是完备映射, X 是紧空间当且仅当 Y 是紧空间.

证明 "$\Rightarrow$" 显然 (因为 f 是连续映射).

"$\Leftarrow$" 对于 X 的任意开覆盖 $\mathcal{U}$, 对任一 $y \in Y$, 由于 $f^{-1}(y) \subset \bigcup \mathcal{U}$, 且 $f^{-1}(y)$ 是紧集, 因此存在有限集族 $\mathcal{U}_y \subset \mathcal{U}$, 使得 $f^{-1}(y) \subset \bigcup \mathcal{U}_y$. 由定理 3.22 可知, 存在 Y 中的开集 $V_y, y \in V_y \subset Y$, 使得 $f^{-1}(y) \subset f^{-1}(V_y) \subset \bigcup \mathcal{U}_y$, 于是 $Y = \bigcup \{V_y : y \in Y\}$, 由 Y 的紧性质可知, 存在 $n \in N$, 及 $y_i, i \leq n$, 使得 $Y = \bigcup \{V_{y_i} : i \leq n\}$. 于是 $X = \bigcup \{f^{-1}(V_{y_i}) : i \leq n\} = \bigcup \{\bigcup \mathcal{U}_{y_i} : i \leq n\}$, 而 $\bigcup \{\mathcal{U}_{y_i} : i \leq n\} \subset \mathcal{U}$ 是有限集族. 因此 X 是紧集. □

用同样的方法可得如下定理:

定理 5.19 $f: X \to Y$ 是完备映射, X 是 Lindelöf 空间当且仅当 Y 是 Lindelöf 空间.

定理 5.20 若 X 是拓扑空间, Y 是紧空间, 则投影映射 $P_x: X \times Y \to X$ 是完备映射.

证明 对任一 $x_1 \in X$, $P_x^{-1}(x_1) = \{x_1\} \times Y$ 是紧集, 且 P_x 是连续的满映射, 因此只需证 P_x 是闭映射. 假若 P_x 不是闭映射, 则存在 $F \subset X \times Y$ 是 $X \times Y$ 的闭集, 但 $P_x(F)$ 不是 X 中的闭集. 于是存在 $x_1 \in \overline{P_x(F)} \setminus P_x(F)$, 因此 $P_x^{-1}(x_1) \bigcap F = \varnothing$. 由于 F 是闭集, 于是 $P_x^{-1}(x_1) \subset (X \times Y) \setminus F = U$ 且 U 是开集. 对任一 $y \in Y$, 存在开集 $U_y \subset X, V_y \subset Y$, 使得 $x_1 \in U_y, y \in V_y$ 且 $(x_1, y) \in U_y \times V_y \subset U$. 由 Y 的紧性质, 存在 $n \in N$, 使得 $Y = \bigcup \{V_{y_i} : i \leq n\}$, 令 $U_{x_1} = \bigcap \{U_{y_i} : i \leq n\}$, 则 $U_{x_1} \times Y \subset U$, 于是 $(U_{x_1} \times Y) \bigcap F = \varnothing$, 因此 $x_1 \in U_{x_1}$, U_{x_1} 是 X 中的开集, 但 $U_{x_1} \bigcap P_x(F) = \varnothing$, 这与 $x_1 \in \overline{P_x(F)}$ 矛盾. 因此 P_x 是闭映射, 这样 P_x 是完备映射. □

由定理 5.19 及定理 5.20 可得如下推论:

推论 5.21 若 X 是 Lindelöf 空间, Y 是紧空间, 则 $X \times Y$ 是 Lindelöf 空间.

定理 5.22 若 $f: X \to Y$ 是完备映射, X 是第二可数空间, 则 Y 也是第二可数空间.

证明 令 $\mathcal{B}$ 是 X 的可数基. 下面证明 $\mathcal{B}_Y = \{Y \setminus f(X \setminus \bigcup \mathcal{B}') : \mathcal{B}' \subset \mathcal{B}, |\mathcal{B}'| < \omega\}$ 是 Y 的可数基. 易知 $\mathcal{B}_Y$ 是可数集. 下证它是 Y 的基. 任取 $y \in Y$, 及含 y 的任一开集 U_y, $f^{-1}(y) \subset f^{-1}(U_y)$, 于是存在 $\mathcal{B}_y \subset \mathcal{B}$, $|\mathcal{B}_y| < \omega$, 使得 $f^{-1}(y) \subset \bigcup \mathcal{B}_y \subset f^{-1}(U_y)$, 因此 $y \in Y \setminus f(X \setminus \bigcup \mathcal{B}_y) \subset U_y$. 这样 Y 也是第二可数空间. □

5.6 第一纲集与第二纲集

定义 5.23 X 是拓扑空间, $A \subset X$, 如果 $\overline{A}^\circ = \varnothing$, 则称 A 是 X 中的无处稠密集. 如果一集合 A 是可数个无处稠密集的并, 则称 A 是第一纲集; 如果 A 不是第一纲集, 则称 A 是第二纲集.

关于无处稠密集, 有如下的例子. 在实数直线 R 中, 每个单点集是无处稠密集; 整数集 Z 是无处稠密集; $\left\{\dfrac{1}{n} : n \in N\right\}$ 是无处稠密集.

例 5.24 R 中的有理数集 Q 是第一纲集, 无理数集 I 是第二纲集.

证明 Q 显然是第一纲集, 因为 R 中每个单点集都是无处稠密集, 且 Q 是可数集, 而 $Q = \bigcup \{\{x\} : x \in Q\}$, 因此 Q 是第一纲集.

假若 I 是第一纲集, 则 $I = \bigcup \{I_n : n \in N\}$, 其中 $\overline{I_n}^\circ = \varnothing, n \in N$. 由上述知道 Q 也是可数个无处稠密集的并, 于是 R 是第一纲集. 因此令 $R = \bigcup \{R_n : n \in N\}$, 其中 $\overline{R_n}^\circ = \varnothing$. 任取 $x_1 \in R$, 令 $U_1 = [x_1 - \varepsilon_1, x_1 + \varepsilon_1]$, 其中 $\varepsilon_1 > 0$, 则 $U_1^\circ \setminus \overline{R_1} \neq \varnothing$, 取 $x_2 \in U_1^\circ \setminus \overline{R_1}$, 取 $\varepsilon_2 > 0$, 使 $U_2 = [x_2 - \varepsilon_2, x_2 + \varepsilon_2] \subset U_1^\circ \setminus \overline{R_1}$, 于是 $U_2 \bigcap R_1 = \varnothing$.

如此一直进行下去, 将有 $x_i, i \leqslant n, \varepsilon_i > 0$, $U_i = [x_i - \varepsilon_i, x_i + \varepsilon_i]$, $x_i \in U_i \subset U_{i-1}^\circ \setminus \overline{R_{i-1}}, 1 < i \leqslant n$. 由于 $U_n^\circ \setminus \overline{R_n} \neq \varnothing$, 取 $x_{n+1} \in U_n^\circ \setminus \overline{R_n}$ 及 $\varepsilon_{n+1} > 0$, 使 $x_{n+1} \in [x_{n+1} - \varepsilon_{n+1}, x_{n+1} + \varepsilon_{n+1}] \subset U_n^\circ \setminus \overline{R_n}$, 令 $U_{n+1} = [x_{n+1} - \varepsilon_{n+1}, x_{n+1} + \varepsilon_{n+1}]$, 则 $U_{n+1} \bigcap R_n = \varnothing$.

如此对 $n \in N$, 有 $U_n = [x_n - \varepsilon_n, x_n + \varepsilon_n]$, $U_{n+1} \subset U_n$, $U_{n+1} \bigcap R_n = \varnothing$. 由 U_1

的紧性质知, $\bigcap_{n\in N} U_n \neq \varnothing$, 令 $x \in \bigcap_{n\in N} U_n$, 则 $x \notin R_n$, $n \in N$, 这样 $x \notin R$, 矛盾. 因此 I 是第二纲集. □

练 习

5.1 在 T_2 拓扑空间中, 每个收敛序列有唯一的收敛点.

5.2 在空间 X 中, 设序列 $\{x_n\}_{n\in N}$ 收敛于点 x_0, 证明 $\{x_0\} \bigcup \{x_n : n \in N\}$ 是 X 中的紧集.

5.3 证明离散空间 X 是紧空间当且仅当 X 是有限集.

5.4 设 $\mathcal{A}$ 是 T_2 空间 X 的由紧子集构成的集族, $\mathcal{A}$ 中的任意有限个元的交是连通的, 证明 $\bigcap\{A : A \in \mathcal{A}\}$ 是连通的.

5.5 设 f 是紧空间 X 上的连续映射, 且对任意 $x \in X$, 都有 $f(x) > 0$, 证明存在 $\varepsilon > 0$, 使得对任意 $x \in X$ 都有 $f(x) > \varepsilon$.

5.6 设 A 是实数直线 R 上的非空紧集, 证明 A 的上确界与下确界都属于 A.

5.7 设有空间 X_1 与 X_2, 紧集 $A_i \subset X_i$, $i \in \{1, 2\}$, W 是积空间 $X_1 \times X_2$ 中的开集, 且 $A_1 \times A_2 \subset W$, 证明存在 X_i 中的开集 U_i, 使得 $A_i \subset U_i$, 且有 $A_1 \times A_2 \subset U_1 \times U_2 \subset W$.

5.8 令 $\{A_s\}_{s\in S}$ 是空间 X 中的局部有限集族, 且对每个 $s \in S$, A_s 是 X 中的无处稠密集, 证明 $\bigcup\{A_s : s \in S\}$ 是 X 中的无处稠密集.

5.9 $f : X \to Y$ 是完备映射, 若 X 是 T_2 空间, 证明 Y 也是 T_2 空间.

5.10 证明紧空间的连续映射像是紧空间.

5.11 证明 T_2 空间中的紧集是闭集.

5.12 R 是实数直线, 拓扑是通常拓扑, $A \subset R$, 证明 A 是 R 中的紧集当且仅当 A 是 R 中的有界闭集.

5.13 $f : X \to Y$ 是连续的满映射, 若 X 是紧空间, Y 是 T_2 空间, 证明 f 是闭映射.

5.15 证明 R^2 是可数个紧集的并.

5.16 R 是实数直线, 拓扑是通常拓扑, 下列集合 A 是否是紧集?

(1) $A = [1, 2]$;

(2) $A = [1, 2] \cup \{3\}$;

(3) $A = Q$, 其中 Q 是有理数集;

(4) $A = [3, 4)$;

(5) $A = R \setminus \left\{\dfrac{1}{n} : n \in N\right\}$.

(6) $A = Z$;

(7) $A = [1, 3) \cup (2, 4]$;

(8) $A = \left\{\dfrac{1}{n} : n \in N\right\}$;

(9) $A = \left\{\dfrac{1}{n} : n \in N\right\} \cup \{0\}$;

练　习

(10) $A = \left\{6 - \dfrac{1}{n} : n \in N\right\} \cup \{4\}$；

(11) $A = \left\{6 - \dfrac{1}{n} : n \in N\right\} \cup \{6\}$；

(12) $A = \{\pi, \pi + 1\}$.

5.17　R 是实数直线，拓扑是通常拓扑，$A \subset R^2$，下面的集合 A 是否是紧集？

(1) $A = (1, 2) \times (3, 4)$；

(2) $A = [1, 2] \times \{3\}$；

(3) $A = Q \times Q$，其中 Q 是有理数集；

(4) $A = \{\langle x, y \rangle : x^2 + y^2 \leqslant 4\}$；

(5) $A = \{\langle x, y \rangle : x + y = 4\}$；

(6) $A = [1, 2] \times [3, 4]$；

(7) $A = \{\langle x, y \rangle : 2 \leqslant x^2 + y^2 \leqslant 4\}$.

第6章 分 离 性

6.1 T_0, T_1, T_2 及正则空间

前面介绍了 T_2 拓扑空间的概念，并不是每个空间都是 T_2 空间.

例 6.1 X 是不可数集，若 $\mathcal{T} = \{U : U \subset X, |X \setminus U| \leqslant \omega\} \bigcup \{\varnothing\}$，则 X 不是 T_2 空间.

证明 对于 $x, y \in X, x \neq y$，假若存在开集 U_x 与 U_y 使得 $x \in U_x, y \in U_y$，且 $U_x \bigcap U_y = \varnothing$，则 $X = (X \setminus U_x) \bigcup (X \setminus U_y)$，于是 $|X| = |(X \setminus U_x) \bigcup (X \setminus U_y)| \leqslant \omega$，矛盾. 因此 X 不是 T_2 空间. $\square$

但是对于例 6.1 中的 X，任意 $x, y \in X$，若 $x \neq y$，令 $U_x = X \setminus \{y\}, U_y = X \setminus \{x\}$，则 $x \in U_x, y \in U_y$ 且 U_x 与 U_y 是 X 中的开集，但是 $y \notin U_x, x \notin U_y$，称这样的空间是 T_1 空间.

对空间 X 中任意两不同的点 x 与 y，如果都存在开集 U_x 与 U_y，使 $x \in U_x \subset X \setminus \{y\}, y \in U_y \subset X \setminus \{x\}$，则称 X 是 T_1 空间.

例 6.1 说明 T_1 空间不一定是 T_2 空间.

定理 6.2 X 是 T_1 拓扑空间当且仅当对任意 $x \in X$，$\{x\}$ 是 X 中的闭集.

证明 "$\Rightarrow$" 任取 $x \in X$，对任意 $y \in X \setminus \{x\}$，存在开集 U_y，使得 $y \in U_y \subset X \setminus \{x\}$，这样 $X \setminus \{x\} = \bigcup \{U_y : y \in X \setminus \{x\}\}$. 因此 $X \setminus \{x\}$ 是开集，于是 $\{x\}$ 是闭集.

"$\Leftarrow$" 对于 X 中两不同的点 x 与 y，由已知 $\{x\}$ 与 $\{y\}$ 都是闭集，因此 $U_x = X \setminus \{y\}$ 与 $U_y = X \setminus \{x\}$ 都是 X 的开集，这样 X 是 T_1 拓扑空间. $\square$

例 6.3 $X = \{a, b, c\}, \mathcal{T} = \{X, \varnothing, \{a\}, \{b\}, \{a, b\}\}$.

对于 X 中的两点 b 与 c，每个含 c 的开集都含 a 与 b，因此 X 不是 T_1 空间，但对于点 a 与 b，分别存在开集 $\{a\}$ 与 $\{b\}$，使得 $c \notin \{a\}, c \notin \{b\}$.

6.1 T_0, T_1, T_2 及正则空间

定义 6.4 X 是拓扑空间, 如果对 X 中的任意两不同点 x 与 y, 存在开集 U_x, 使 $x \in U_x \subset X \setminus \{y\}$, 或者存在开集 U_y, 使得 $y \in U_y \subset X \setminus \{x\}$, 则称 X 是 T_0 空间.

例 6.3 中的空间是 T_0 空间, 但不是 T_1 空间.

定理 6.5 如果 X_α 是 T_i 空间, $\alpha \in \Lambda$, 其中 $i \in \{0,1,2\}$, 则 $\prod_{\alpha \in \Lambda} X_\alpha$ 也是 T_i 空间, $i \in \{0,1,2\}$.

证明 只证 $i = 2$ 的情况.

对于 $\prod_{\alpha \in \Lambda} X_\alpha$ 中的两不同的点 $x = (x_\alpha : \alpha \in \Lambda)$ 与 $y = (y_\alpha : \alpha \in \Lambda)$, 则存在 $\beta \in \Lambda$, 使得 $x_\beta \neq y_\beta$. X_β 是 T_2 空间, 因此存在 X_β 中的两不相交的开集 U_β^x 与 V_β^y, 使得 $x_\beta \in U_\beta^x, y_\beta \in V_\beta^y$. 于是 $P_\beta^{-1}(U_\beta^x) \bigcap P_\beta^{-1}(V_\beta^y) = \varnothing, x \in P_\beta^{-1}(U_\beta^x), y \in P_\beta^{-1}(V_\beta^y)$, 且 $P_\beta^{-1}(U_\beta^x)$ 与 $P_\beta^{-1}(V_\beta^y)$ 是 $\prod_{\alpha \in \Lambda} X_\alpha$ 中的开集, 因此 $\prod_{\alpha \in \Lambda} X_\alpha$ 是 T_2 空间. □

定义 6.6 对于空间 X, 如果 X 是 T_1 空间且对于空间 X 中的任一闭集 F 及任意点 $x \notin F$, 都存在 X 中的开集 U_x 与 U_F, 使得 $x \in U_x, F \subset U_F$ 且 $U_x \bigcap U_F = \varnothing$, 则称 X 是正则空间.

定理 6.7 每个正则空间都是 T_2 空间.

证明 若 X 是正则空间, 则 X 是 T_1 空间. 对于 X 中两不同的点 x 与 y, $x \notin \{y\}$ 且 $\{y\}$ 是闭集. 由 X 的正则性, 存在 X 中的开集 U_x 与 U_y, 满足 $x \in U_x$, $\{y\} \subset U_y$ 且 $U_x \bigcap U_y = \varnothing$. 因此 $x \in U_x, y \in U_y$ 且 $U_x \bigcap U_y = \varnothing$, 因此 X 是 T_2 空间. □

定理 6.8 X 是 T_1 拓扑空间. X 是正则空间当且仅当对任意 $x \in X$, 及含 x 的任一开集 U, 都存在开集 V_x, 使得 $x \in V_x \subset \overline{V_x} \subset U$.

证明 "$\Rightarrow$" 由于 $x \in U$ 且 U 是开集, 因此 $F = X \setminus U$ 是闭集且 $x \notin F$. 由 X 的正则性, 存在 X 中的开集 V_x 与 V_F, 使得 $x \in V_x, F \subset V_F$ 且 $V_x \bigcap V_F = \varnothing$. 因此 $\overline{V_x} \bigcap V_F = \varnothing$, 于是 $\overline{V_x} \bigcap F = \varnothing$. 这样 $x \in V_x \subset \overline{V_x} \subset U$.

"$\Leftarrow$" 对于空间 X 中的任一闭集 F 及任意点 $x \notin F$, 有 $x \in X \setminus F = U, U$ 是开集. 因此存在开集 V_x, 使得 $x \in V_x \subset \overline{V_x} \subset U$, 令 $V_F = X \setminus \overline{V_x}$, 则 $x \in V_x, F \subset V_F$, 且 $V_x \bigcap V_F = \varnothing$. □

对于实数直线 R, 取通常拓扑, 任意 $x \in R$ 及含 x 的任一开集 U, 存在 $\varepsilon > 0$, 使得 $x \in (x - \varepsilon, x + \varepsilon) \subset [x - \varepsilon, x + \varepsilon] \subset U$, 且 R 中的单点集是闭集, 因此 R 取通常拓扑是正则空间.

在通常拓扑下, R 是正则空间, Sorgenfrey 直线也是正则空间.

例 6.9 $X = R$, 对任意 $x \in X$, 若 $x \neq 0$, 则令 $\mathcal{B}(x) = \left\{ \left(x - \frac{1}{n}, x + \frac{1}{n}\right) : n \in N \right\}$ 为点 x 的开邻域基; 若 $x = 0$, 令 $\mathcal{B}(0) = \left\{ \left(-\frac{1}{n}, \frac{1}{n}\right) \setminus \left\{\frac{1}{i} : i \in N\right\} : n \in N \right\}$ 为点 0 的开邻域基.

易知 X 是 T_2 空间, 但 X 不是正则空间. 这是因为 $\left(-\frac{1}{n}, \frac{1}{n}\right) \setminus \left\{\frac{1}{i} : i \in N\right\}$ 是含点 0 的开集, 对每一 $B \in \mathcal{B}(0)$, 存在 $m \in N$, 使得 $B = \left(-\frac{1}{m}, \frac{1}{m}\right) \setminus \left\{\frac{1}{i} : i \in N\right\}$. 在该拓扑下 $\overline{B} = \left[-\frac{1}{m}, \frac{1}{m}\right]$, 因此 $\overline{B} \setminus \left(\left(-\frac{1}{n}, \frac{1}{n}\right) \setminus \left\{\frac{1}{i} : i \in N\right\}\right) \neq \varnothing$. 这样由定理 6.8 可知, 空间 X 不是正则空间. □

定理 6.10 若 X_α 是正则空间, $\alpha \in \Lambda$, 则 $\prod_{\alpha \in \Lambda} X_\alpha$ 也是正则空间.

证明 对于 $\prod_{\alpha \in \Lambda} X_\alpha$ 中的任一点 $x = (x_\alpha : \alpha \in \Lambda)$, $\{x\} = \prod_{\alpha \in \Lambda} \{x_\alpha\}$. 对于每个 $\alpha \in \Lambda$, X_α 是 T_1 空间, 因此 $\{x_\alpha\}$ 是 X_α 中的闭集, 这样 $\{x\} = \prod_{\alpha \in \Lambda} \{x_\alpha\}$ 是 $\prod_{\alpha \in \Lambda} X_\alpha$ 中的闭集, 因此 $\prod_{\alpha \in \Lambda} X_\alpha$ 是 T_1 空间.

任取 $x = (x_\alpha : \alpha \in \Lambda) \in \prod_{\alpha \in \Lambda} X_\alpha$, 令 U 是 $\prod_{\alpha \in \Lambda} X_\alpha$ 中含 x 的开集, 于是存在 n, 及 α_i, U_{α_i} 是 X_{α_i} 中的开集, $x_{\alpha_i} \in U_{\alpha_i}$, $i \leqslant n$, 使得 $x \in \bigcap_{i=1}^{n} P_{\alpha_i}^{-1}(U_{\alpha_i}) \subset U$. 对每个 $i \leqslant n$, X_{α_i} 是正则空间且 $x_{\alpha_i} \in U_{\alpha_i}$, 因此存在开集 $V_{\alpha_i} \subset X_{\alpha_i}$, 使得 $x_{\alpha_i} \in V_{\alpha_i} \subset \overline{V_{\alpha_i}} \subset U_{\alpha_i}$. 由于 $\bigcap_{i=1}^{n} P_{\alpha_i}^{-1}(V_{\alpha_i}) = \prod_{\alpha \in \Lambda} Y_\alpha$, 其中

$$Y_\alpha = \begin{cases} X_\alpha & \alpha \in \Lambda \setminus \{\alpha_i : i \leqslant n\}, \\ V_{\alpha_i} & \alpha = \alpha_i, i \leqslant n, \end{cases}$$

由定理 2.44 可知, $\overline{\prod_{\alpha\in\Lambda} Y_\alpha} = \prod_{\alpha\in\Lambda} \overline{Y_\alpha} = \prod_{\alpha\in\Lambda} Z_\alpha$, 其中

$$Z_\alpha = \begin{cases} X_\alpha & \alpha \in \Lambda\setminus\{\alpha_i : i \leqslant n\}, \\ \overline{V_{\alpha_i}} & \alpha = \alpha_i, i \leqslant n, \end{cases}$$

因此 $\overline{\prod_{\alpha\in\Lambda} Y_\alpha} = \bigcap_{i=1}^{n} P_{\alpha_i}^{-1}(\overline{V_{\alpha_i}})$.

于是 $x \in \bigcap_{i=1}^{n} P_{\alpha_i}^{-1}(V_{\alpha_i}) \subset \overline{\bigcap_{i=1}^{n} P_{\alpha_i}^{-1}(V_{\alpha_i})} = \bigcap_{i=1}^{n} P_{\alpha_i}^{-1}(\overline{V_{\alpha_i}}) \subset \bigcap_{i=1}^{n} P_{\alpha_i}^{-1}(U_{\alpha_i}) \subset U$. 因此由定理 6.8 可知 $\prod_{\alpha\in\Lambda} X_\alpha$ 是正则空间. □

可以得到如下定理:

定理 6.11 若 X 是 T_i 空间, $i \in \{0,1,2\}$, 则 X 的每个子空间也是 T_i 空间.

定理 6.12 若 X 是正则空间, 则 X 的每个子空间也是正则空间.

证明 令 $A \subset X$, 由于 X 是 T_1 空间, 因此 A 作为子空间也是 T_1 空间. 任取 $x \in A$, V 是 A 中含 x 的任一开集, 令 $V = U \bigcap A$, 其中 U 是 X 中的开集, 于是 $x \in U$. 由 X 的正则性质, 存在 X 中的开集 V_x, 使得 $x \in V_x \subset \overline{V_x} \subset U$. 于是 $x \in V_x \bigcap A \subset \overline{V_x} \bigcap A \subset U \bigcap A$, 而 $\overline{V_x} \bigcap A$ 是子空间 A 中的闭集, 于是 $x \in \overline{V_x \bigcap A}^{(A)} = \overline{V_x \bigcap A} \bigcap A \subset \overline{V_x} \bigcap A \subset U \bigcap A$, 且 $x \in V_x \bigcap A$, 于是由定理 6.8 可知 A 也是正则空间. □

6.2 正规空间

T_2 空间考虑的是空间中的两不同的点是否可以被空间中两不相交的开集分离, 对于正则空间, 是考虑一个点不在某个闭集中时, 是否有不相交的开集分离它们. 下面将考虑这样的空间, 看其中的任意两不相交的闭集是否可以被两不相交的开集分离.

定义 6.13 如果 X 是 T_1 拓扑空间, 且对于 X 中的任意两不相交的闭集 F_1 与 F_2, 都存在不相交的开集 U_1 与 U_2, 使得 $F_1 \subset U_1$, $F_2 \subset U_2$, 则称 X 是正规空间.

显然每个正规空间都是正则空间. 需要说明的是, 在正则与正规空间的定义中都要求满足 T_1 分离性公理, 这只是为了人们用起来方便, 保证了正规空间是正则

空间, 正则空间是 T_2 空间.

定理 6.14 X 是 T_1 空间, X 是正规空间当且仅当对于 X 中的任一闭集 F 及包含 F 的任一开集 U, 都存在 X 中的开集 V, 使得 $F \subset V \subset \overline{V} \subset U$.

证明 "$\Rightarrow$" $F \subset X$, F 是闭集, $F \subset U$, U 是开集. 令 $F_1 = F, F_2 = X \backslash U$, 则 $F_1 \bigcap F_2 = \varnothing$, 且它们都是闭集. 于是由已知, 有不相交的开集 V_1 与 V_2, 使得 $F_1 \subset V_1, F_2 \subset V_2$, 于是 $\overline{V_1} \bigcap V_2 = \varnothing$, 这样 $\overline{V_1} \bigcap (X \backslash U) = \varnothing$, 因此 $F_1 \subset V_1 \subset \overline{V_1} \subset U$.

"$\Leftarrow$" 若 F_1 与 F_2 是 X 中的两不相交的闭集, 则 $F_1 \subset X \backslash F_2 = U$ 且 U 是开集. 于是有开集 V 使得 $F_1 \subset V \subset \overline{V} \subset U$. 令 $V_1 = V, V_2 = X \backslash \overline{V}$, 则 $F_1 \subset V_1, F_2 \subset V_2$, 且 $V_1 \bigcap V_2 = \varnothing$. □

由于 Sorgenfrey 直线与 R^n 都是正则 Lindelöf 空间, 下面的定理将说明它们都是正规空间.

定理 6.15 每个正则 Lindelöf 空间都是正规空间.

证明 令 X 是正则 Lindelöf 空间. F_1 与 F_2 是 X 中的两不相交闭集. 任意 $x \in F_1$, 有 $x \notin F_2$, 因此由定理 6.8 可知, 存在开集 V_x, 使得 $x \in V_x \subset \overline{V_x} \subset X \backslash F_2$. 由于 $F_1 \subset \bigcup \{V_x : x \in F_1\}$, 子空间 F_1 也是 Lindelöf 空间, 因此存在 $x_i \in F_1, i \in N$, 使得 $F_1 \subset \bigcup \{V_{x_i} : i \in N\}$, 同时 $\overline{V_{x_i}} \bigcap F_2 = \varnothing, i \in N$.

同理存在开集 $U_{y_i}, y_i \in F_2, i \in N$, 使得 $F_2 \subset \bigcup \{U_{y_i} : i \in N\}$ 且 $F_1 \bigcap \overline{U_{y_i}} = \varnothing$, $i \in N$. 令 $V_i = V_{x_i} \backslash \bigcup \{\overline{U_{y_j}} : j \leqslant i\}$, $U_i = U_{y_i} \backslash \bigcup \{\overline{V_{x_j}} : j \leqslant i\}$, 则 $F_1 \subset \bigcup \{V_i : i \in N\} = V$, $F_2 \subset \bigcup \{U_i : i \in N\} = U$, 且 $U \bigcap V = \varnothing$. 这是因为对任一 $x \in F_1$, 存在最小的 i, 使得 $x \in V_{x_i}$, 而 $F_1 \bigcap \overline{U_{y_j}} = \varnothing, j \leqslant i$, 于是 $x \in V_i \subset V$, 因此 $F_1 \subset V$, 同理 $F_2 \subset U$. 对任一 $y \in V$, 存在最小的 i, 使得 $y \in V_i$, 因此当 $j \geqslant i$ 时, 由 U_j 的定义可知 $y \notin U_j$; 当 $j < i$ 时, 由于 $y \in V_i$, 因此 $y \notin \overline{U_{y_j}}$, 而 $U_j \subset U_{y_j}$, 因此有 $y \notin U_j$. 于是 $y \notin U$, 因此 $U \bigcap V = \varnothing$. □

引理 6.16 每个紧 T_2 拓扑空间 X 是正则空间.

证明 令 F 是 X 中的闭集, 不妨设 $F \neq \varnothing$, 并且点 $x \notin F$. 对任意 $y \in F$, 存在开集 U_y 及 V_y, 使得 $x \in U_y, y \in V_y$ 且 $U_y \bigcap V_y = \varnothing$. 因此 $F \subset \bigcup \{V_y : y \in F\}$. 由 F 的紧性质, 可知存在 $n \in N$, 及 $y_i \in F, i \leqslant n$, 使得 $F \subset \bigcup \{V_{y_i} : i \leqslant n\}$. 令 $V_x = \bigcap \{U_{y_i} : i \leqslant n\}$, 因此 $x \in V_x$, $F \subset \bigcup \{V_{y_i} : i \leqslant n\} = V_F$, 且 $V_x \bigcap V_F = \varnothing$. 因此

X 是正则空间. □

用类似的方法可得如下定理:

定理 6.17 每个紧 T_2 拓扑空间 X 是正规空间.

证明 由引理 6.16 可知若 X 是紧 T_2 拓扑空间, 则 X 是正则空间, 下面证明 X 是正规空间. 令 F_1 与 F_2 是 X 中两不相交的闭集, 不妨设它们都不是空集. 对任意 $x \in F_1$, 则 $x \notin F_2$, 这样根据引理 6.16, 有 X 中不相交的开集 V_x 及 U_x, 使得 $x \in V_x, F_2 \subset U_x$, 这样有 $F_1 \subset \bigcup \{V_x : x \in F_1\}$. 由于 F_1 是紧集, 因此存在 $n \in N$, 及 $x_i \in F_1, i \leqslant n$, 使得 $F_1 \subset \bigcup \{V_{x_i} : i \leqslant n\}$. 令 $V = \bigcup \{V_{x_i} : i \leqslant n\}$, $U = \bigcap \{U_{x_i} : i \leqslant n\}$. 由于对任意 $i \leqslant n, V_{x_i} \bigcap U_{x_i} = \varnothing$, 因此有 U 与 V 都是 X 中的开集, $V \bigcap U = \varnothing$, 且有 $F_1 \subset V, F_2 \subset U$. 这样就证明了 X 是正规空间. □

对每个序数 α, α 的序拓扑定义如下: 对任意 $\beta < \alpha$, 若 $\beta \neq 0$, 则 $\mathcal{B}(\beta) = \{(\alpha_1, \beta] : \alpha_1 < \beta\}$ 为点 β 的开邻域基. 若 $\beta = 0$, 则点 0 的开邻域基为 $\mathcal{B}(0) = \{\{0\}\}$. 由于每个序数都是良序集, 因此在序拓扑下利用良序性质, 很容易证明 $\alpha + 1$ 是紧 T_2 空间. 由定理 6.17 可知, $\alpha + 1$ 在序拓扑下是正规空间. $\alpha + 1$ 是紧空间的证明思路是: 对于 $\alpha + 1$ 的任一开覆盖 $\mathcal{U}$, 存在 $\mathcal{U}$ 中的某个元 U_1 使得 $\alpha \in U_1$, 因此存在 $\alpha_1 < \alpha$ 使得 $(\alpha_1, \alpha] \subset U_1$. 于是存在 $\mathcal{U}$ 中的某个元 U_2 使得 $\alpha_1 \in U_2$, 因此存在 $\alpha_2 < \alpha_1$ 使得 $(\alpha_2, \alpha_1] \subset U_2$. 如此进行下去, 由于序数 α 是良序集, 因此可以找到 $U_i \in \mathcal{U}, i \leqslant n$ 使得 $\alpha + 1 = \bigcup \{U_i : i \leqslant n\}$. 因此 $\alpha + 1$ 是紧空间.

下面说明正规性质不是遗传性质, 即存在某个正规空间的子空间不是正规空间. 令 ω_1 为第一不可数极限序数.

例 6.18 $X = (\omega_1 + 1) \times (\omega + 1)$, 令 $Y = X \backslash (\omega_1, \omega)$, 则 Y 不是正规空间, 而 X 是正规空间.

证明 $\omega_1 + 1$ 及 $\omega + 1$ 都是紧 T_2 空间, 因此 X 是紧 T_2 空间, 这样由定理 6.17 知 X 是正规空间. 下面证明 Y 不是正规空间. 令 $A_1 = \omega_1 \times \{\omega\}$, $A_2 = \{\omega_1\} \times \omega$, 则 $A_1 = ((\omega_1 + 1) \times \{\omega\}) \bigcap Y$, $A_2 = (\{\omega_1\} \times (\omega + 1)) \bigcap Y$, 而 $(\omega_1 + 1) \times \{\omega\}$ 及 $\{\omega_1\} \times (\omega + 1)$ 都是 X 中的闭集, 因此 A_1 与 A_2 是 Y 中两个不交的闭集. 假若 Y 是正规空间, 则存在 Y 中不交的开集 U_1 与 U_2, 使得 $A_1 \subset U_1, A_2 \subset U_2$. 对任意的 $n \in \omega$, 由于 $(\omega_1, n) \in U_2$, 因此存在 $a_n \in \omega_1$, 使得 $(a_n, \omega_1] \times \{n\} \subset U_2$. 令 $\sup \{a_n : n \in \omega\} = a$, 令 $b = a + 1$, 则点 $(b, n) \in U_2, n \in \omega$. 由于点 $(b, \omega) \in U_1$,

因此存在 $m \in \omega$, 使得 $\{b\} \times (m, \omega] \subset U_1$, 令 $n > m$, 则点 $(b, n) \in U_1$, 又由于点 $(b, n) \in U_2$, 因此 $U_1 \bigcap U_2 \neq \phi$, 矛盾. 这样 Y 不是正规空间. □

因此例 6.18 说明正规性质不是遗传性质, 从另一方面, 例 6.18 中的 Y 也是正则非正规的例子, 因为 X 是正则空间, 因此 Y 也是正则空间. 下面再举两个正则非正规的例子, 首先说明正规空间的乘积不一定是正规空间. Sorgenfrey 直线 $(R, \mathcal{T}_S)$ 是正则的 Lindelöf 空间, 由定理 6.15 可知 $(R, \mathcal{T}_S)$ 是正规空间, 用 S 记 $(R, \mathcal{T}_S)$, 下面说明 S^2 不是正规空间.

例 6.19 S^2 不是正规空间.

证明 在 S^2 中, 令 $A = \{(x, -x) : x \in R\}$. 对任意 $x \in R$, 则 $U_x = [x, x+1) \times [-x, -x+1)$ 是 S^2 中的开集且 $U_x \bigcap A = \{(x, -x)\}$, 因此 A 是 S^2 的离散子空间, 且易知 A 是 S^2 中的闭集. 因此 A 是 S^2 中的闭离散子空间. 令 $R = I \bigcup Q$, 其中 I 是无理数集, Q 是有理数集, 令 $F_1 = \{(x, -x) : x \in I\}, F_2 = \{(x, -x) : x \in Q\}$, 则 F_1 与 F_2 是子空间 A 中的两不相交闭集, 而 A 是 S^2 中的闭集, 因此 F_1 与 F_2 是 S^2 中两不相交的闭集.

假若 S^2 是正规空间, 则存在 S^2 中两不交的开集 U_1 与 U_2, 使得 $F_1 \subset U_1, F_2 \subset U_2$, 对任意的 $x \in I$, 存在 $n \in N$, 使得 $\left[x, x + \frac{1}{n}\right) \times \left[-x, -x + \frac{1}{n}\right) \subset U_1$, 令 $I_n = \{x : x \in I, \left[x, x + \frac{1}{n}\right) \times \left[-x, -x + \frac{1}{n}\right) \subset U_1\}$, 则 $I = \bigcup\{I_n : n \in N\}$. 由于 I 不是第一纲集 (参见例 5.24), 因此存在 $n \in N$, 使得 $\overline{I_n}^\circ \neq \phi$ (此闭包与内部都是在 R 的通常拓扑下取得的), 因此存在 $q \in \overline{I_n}^\circ \bigcap Q$, $q \neq 0$. 于是有序列 $\{a_n\}_{n \in N}, a_n \in I_n$, 使得序列 $\{a_n\}_{n \in N}$ 在 R 的通常拓扑下收敛于 q. 由于点 $(q, -q) \in F_2$, 因此有 $m \in N$, 使得 $\left[q, q + \frac{1}{m}\right) \times \left[-q, -q + \frac{1}{m}\right) \subset U_2$. 由于 $\{a_n\}_{n \in N}$ 收敛于 q, 因此存在 $n_1 \in N$, 使得 $|a_{n_1} - q| < \min\left\{\frac{1}{n}, \frac{1}{m}\right\}$, 且 a_{n_1} 与 q 同号, 因此 $\left(\left[q, q + \frac{1}{m}\right) \times \left[-q, -q + \frac{1}{m}\right)\right) \bigcap \left(\left[a_{n_1}, a_{n_1} + \frac{1}{n}\right) \times \left[-a_{n_1}, -a_{n_1} + \frac{1}{n}\right)\right) \neq \emptyset$. 由于点 $(a_{n_1}, -a_{n_1}) \in I_n$, 因此有 $\left[a_{n_1}, a_{n_1} + \frac{1}{n}\right) \times \left[-a_{n_1}, -a_{n_1} + \frac{1}{n}\right) \subset U_1$, 而 $\left[q, q + \frac{1}{m}\right) \times \left[-q, -q + \frac{1}{m}\right) \subset U_2$, 因此 $U_1 \bigcap U_2 \neq \emptyset$, 这与 $U_1 \bigcap U_2 = \emptyset$ 相矛盾, 因此 S^2 不是正规空间. □

用类似的方法可证 Niemytzki 平面是正则空间,但不是正规空间. 由定理 6.15 可知正则且是第二可数的空间是正规空间,因此实直线 R 与 R^n 及其每个子空间都是正规空间.

6.3 遗传正规空间

前面谈到 R^n 是正规空间,R^n 的每个子空间都是正规空间,因此本节将研究每个子空间都是正规的拓扑空间.

定义 6.20 如果空间 X 的每个子空间都是正规空间,则称 X 是遗传正规空间;空间 X 的两非空子集 A 与 B,若 $\overline{A} \cap B = \overline{B} \cap A = \varnothing$,则称 A 与 B 是可分离集.

定理 6.21 X 是 T_1 拓扑空间,则下列条件等价:

(1) X 是遗传正规空间;

(2) X 的每个开子空间是正规空间;

(3) 对 X 的任意两个可分离集 A 与 B,存在 X 中不相交的开集 U 与 V,使得 $A \subset U, B \subset V$.

证明 "(1) $\Rightarrow$ (2)" 显然.

"(2) $\Rightarrow$ (3)" 令 A 与 B 是 X 的两可分离集,即 $\overline{A} \cap B = \overline{B} \cap A = \varnothing$,令 $F = \overline{A} \cap \overline{B}$,则 F 是闭集,令 $U = X \backslash F$,则 $A \subset U, B \subset U$,且 $(\overline{A} \cap U) \cap (\overline{B} \cap U) = \varnothing$. 而 $\overline{A} \cap U$ 与 $\overline{B} \cap U$ 是子空间 U 中两不相交的闭集,因此由已知存在子空间 U 中两不交的开集 V_1 与 V_2,使得 $\overline{A} \cap U \subset V_1, \overline{B} \cap U \subset V_2$,由于 U 是空间 X 中的开集,因此 V_1 与 V_2 也是 X 中的开集,且 $A \subset V_1, B \subset V_2$,因此 (3) 成立.

"(3) $\Rightarrow$ (1)" 令 $F \subset X$,A 与 B 是子空间 F 中两不交的闭集,因此,$\overline{A} \cap F = A$,$\overline{B} \cap F = B$,于是 $\overline{A} \cap B = \overline{B} \cap A = \varnothing$. 由 (3) 知存在 X 中不相交开集 V_1 与 V_2,使得 $A \subset V_1, B \subset V_2$,于是有 $A \subset V_1 \cap F$ 与 $B \subset V_2 \cap F$,而 $V_1 \cap F$ 及 $V_2 \cap F$ 是子空间 F 中的不相交开集,因此 F 是正规空间. □

由于正规性质要比正则性质强,因此正规性质在遗传及积方面就可能表现的相对要差,因为要满足正规性质就要满足更高的要求,在另一方面,既然正规性质比较强,它应具有更好的性质,下面将讨论这方面的问题.

6.4 Urysohn 引理与 Tietze 扩张定理及应用

本节就是要寻求正规空间的函数刻画以及这些刻画的应用. 其中的 Urysohn 引理与 Tietze 扩张定理是拓扑学最重要的经典结果, 它们在拓扑学中具有广泛的应用.

6.4.1 Urysohn 引理与完全正规空间

引理 6.22 (Urysohn 引理) X 是正规空间, 若 A 与 B 是 X 中两不相交的闭集, 则存在连续映射 $f : X \to [0,1]$, 使得 $f(A) \subset \{0\}, f(B) \subset \{1\}$.

证明 令 $U_1 = X \backslash B$, 由于 X 是正规空间, $A \subset U_1$, 因此存在开集 U_0, 使得 $A \subset U_0 \subset \overline{U_0} \subset U_1 = X \backslash B$, 由于 $[0,1]$ 上所有有理数构成的集 Q_1 是可数集, 因此令 $Q_1 = \{r_n : n \in N\}$, 其中 $r_1 = 1, r_2 = 0$. 因此得到 U_{r_1} 与 U_{r_2}. 对于 r_3, 一定有 $r_2 < r_3 < r_1$, 由于 $\overline{U_0} \subset U_1$, 因此存在开集 U_{r_3}, 使得 $\overline{U_0} \subset U_{r_3} \subset \overline{U_{r_3}} \subset U_1 = U_{r_1}$.

若对于 $n \in N, n \geqslant 3$, 已经有开集 $U_{r_i}, i \leqslant n$, 满足当 $r_i < r_j$ 时, 有 $\overline{U_{r_i}} \subset U_{r_j}$, 其中 $i, j \leqslant n$. 对于 r_{n+1}, 一定有 $i \leqslant n, j \leqslant n$, 使得 $r_{n+1} \in (r_i, r_j)$, 且对任意的 $m \leqslant n, r_m \notin (r_i, r_j)$. 由于 $\overline{U_{r_i}} \subset U_{r_j}$, 于是由正规性可知存在开集 $U_{r_{n+1}}$, 使得 $\overline{U_{r_i}} \subset U_{r_{n+1}} \subset \overline{U_{r_{n+1}}} \subset U_{r_j}$.

如此进行下去, 对于任意 $n \in N$, 有开集 U_{r_n} 使得当 $r_i < r_j$ 时, $\overline{U_{r_i}} \subset U_{r_j}$. 定义映射 $f : X \to [0,1]$, 当 $x \in X \backslash B$ 时, 令 $f(x) = \inf\{r_j : x \in U_{r_j}, r_j \in Q_1\}$; 当 $x \in B$ 时, 令 $f(x) = 1$.

下证 f 是连续映射. 由于 $\mathcal{A} = \{[0,r), (r,1] : r \in (0,1)\}$ 是空间 $[0,1]$ 的子基, 因此由定理 3.2 知, 只需证对任一 $r \in (0,1), f^{-1}([0,r))$ 与 $f^{-1}((r,1])$ 是 X 中的开集.

对任一 $x \in f^{-1}([0,r))$, 有 $f(x) < r$, 因此存在有理数 q_1, 使得 $f(x) < q_1 < r$, 因此 $x \in U_{q_1}$, 同时对任一 $x' \in U_{q_1}$, 有 $f(x') \leqslant q_1 < r$. 因此 $x \in U_{q_1} \subset f^{-1}([0,r))$, 因此 $f^{-1}([0,r))$ 是 X 的开集.

对任意的 $x \in f^{-1}((r,1])$, 有 $r < f(x) \leqslant 1$, 因此存在有理数 q_1 和 q_2, 使得 $r < q_1 < q_2 < f(x) \leqslant 1$. 因此 $\overline{U_{q_1}} \subset U_{q_2}$, 这样 $x \notin U_{q_2}$ (否则将导致 $f(x) \leqslant q_2$), 于是 $x \in X \backslash \overline{U_{q_1}}$. 另一方面, 对任意 $x' \in X \backslash \overline{U_{q_1}}$, 有 $x' \notin U_{q_1}$, 于是 $f(x') \geqslant q_1 > r$, 因此 $x' \in X \backslash \overline{U_{q_1}} \subset f^{-1}((r,1])$, 这样 $f^{-1}((r,1])$ 也是 X 中的开集. 因此 f 是连续映射. □

6.4 Urysohn 引理与 Tietze 扩张定理及应用

由于对 R 中的任意闭区间 $[a,b]$ 与闭区间 $[0,1]$ 是同胚的, 因此有如下定理:

定理 6.23 X 是 T_1 空间. X 是正规空间当且仅当对 X 中任意两不相交的闭集 A 与 B, 存在连续映射 $f: X \to [a,b]$, 使得 $f(A) \subset \{a\}$, $f(B) \subset \{b\}$.

证明 "$\Rightarrow$" 由引理 6.22 及结论 3.29 可得.

"$\Leftarrow$" 由于 $f: X \to [a,b]$ 连续, 且 $f(A) \subset \{a\}$, $f(B) \subset \{b\}$, 因此 $A \subset f^{-1}\left(\left[a, a+\frac{b-a}{2}\right)\right)$, $B \subset f^{-1}\left(\left(b-\frac{b-a}{2}, b\right]\right)$, 且 $f^{-1}\left(\left[a, a+\frac{b-a}{2}\right)\right)$ 与 $f^{-1}\left(\left(b-\frac{b-a}{2}, b\right]\right)$ 是 X 中两不相交的开集, 因此 X 是正规空间. □

X 是正规空间, 这样 X 是 T_1 空间, 若 $A \subset X$ 是 X 的闭集, 且 $A \neq X$, 则存在 $x \notin A$. 因此 $\{x\}$ 与 A 是 X 中两不相交的闭集. 于是由正规性质有连续映射 $f: X \to [0,1]$, 使得 $f(A) \subset \{0\}$, 但要注意的是 $A \subset f^{-1}(0)$, 不一定有 $A = f^{-1}(0) = \{y: y \in X, f(y) = 0\}$. 如果存在连续映射 $f: X \to [0,1]$, 使得 $A = f^{-1}(0)$, 由于 $\{0\}$ 是 $[0,1]$ 中 G_δ 集 (即是可数个开集的交), 因此 A 也是 X 中的 G_δ 集. 那么, 如果 X 是正规空间, 且 A 是闭的 G_δ 集, 是否存在连续映射 $f: X \to [0,1]$, 使得 $A = f^{-1}(0)$ 呢?

如果存在连续映射 $f: X \to [0,1]$, 使得 $A = f^{-1}(0)$, 则称 A 是 X 的零集. 如果 T_1 空间 X 中的每个闭集都是零集, 则称空间 X 为完全正规空间.

定理 6.24 X 是正规空间, A 是 X 中的闭 G_δ 集, 则存在连续映射 $f: X \to [0,1]$, 使得 $A = f^{-1}(0)$.

证明 令 $A = \bigcap_{n \in N} G_n$, 其中 G_n 是 X 中的开集. 对任一 $n \in N$, A 与 $F_n = X \backslash G_n$ 是 X 中两个不相交的闭集, 于是有连续映射 $f_n: X \to [0,1]$, 使得 $f_n(A) \subset \{0\}$, $f_n(F_n) \subset \{1\}$. 令

$$f(x) = \sum_{n=1}^{\infty} \frac{f_n(x)}{2^n},$$

由于对任一 $x \notin A$, 存在 n, 使得 $x \in F_n$, 因此 $f_n(x) = 1$, 于是 $f(x) \geqslant \frac{1}{2^n}$. 对任一 $x \in A, f(x) = 0$, 于是 $A = f^{-1}(0)$. 下面只需说明 f 是连续映射. 由于对每个 $n \in N$, 都有 $\left|\frac{f_n(x)}{2^n}\right| \leqslant \frac{1}{2^n}$, 因此 $\sum_{n=1}^{\infty} \frac{f_n(x)}{2^n}$ 在 X 上一致收敛于 $f(x)$, 且每个 f_n 是连

续映射, 因此 $f : X \to [0,1]$ 是连续映射 (由定理 3.10 可得). □

上述定理说明正规空间的闭 G_δ 集是零集, 如果 X 中的每个闭集都是零集 (即完全正规空间), 它与正规性质有什么关系呢?

定理 6.25 如果 T_1 空间 X 中的每个闭集都是零集, 则 X 是遗传正规空间.

证明 令 $A \subset X$, F_1 与 F_2 是子空间 A 中的两不相交闭集, 于是有 $\overline{F_1} \bigcap F_2 = \overline{F_2} \bigcap F_1 = \varnothing$. 对于 $i = 1$ 与 $i = 2$, 由于 $\overline{F_i}$ 是零集, 于是存在 $f_i : X \to [0,1]$, 使得 $\overline{F_i} = f_i^{-1}(0)$, 令 $g_i = f_i | A$, 即对任一 $x \in A$, $g_i(x) = f_i(x)$, 则 $g_i : A \to [0,1]$ 是连续映射, 且使得 $F_1 \subset g_1^{-1}(0)$, $F_2 \subset g_2^{-1}(0)$.

令
$$g(x) = \frac{g_1(x)}{g_1(x) + g_2(x)},$$
则 $g : A \to [0,1]$ 连续, 且对任一 $x \in F_1$, $g(x) = 0$, 对任一 $x \in F_2$, $g(x) = 1$, 于是 A 是正规空间 (根据定理 6.23). □

由定理 6.25 可知, 每个完全正规空间是遗传正规空间, 下面给出一空间 X 是遗传正规空间, 但它不是完全正规空间.

如果 X 是一良序集, 对任一 $x \in X$, 若 x 不是最小元, 则 $\mathcal{B}(x) = \{(y,x] : y < x\}$ 是点 x 的开邻域基; 若 x 是最小元, 则点 x 的开邻域基为 $\mathcal{B}(x) = \{\{x\}\}$. 那么 X 的由上述开邻域基生成的拓扑为该良序集的序拓扑. 每个良序集的序拓扑空间都是 T_2 空间.

引理 6.26 任一良序集 X 在序拓扑下是正规空间.

证明 令 a_0 是 X 的最小元, 则 $\{a_0\}$ 是 X 的开闭集. 令 A 与 B 是 X 中两不相交的闭集, 不妨设 $a_0 \notin A$, $a_0 \notin B$. 对任意 $a \in A$, 存在 $x_a < a$, 使得 $(x_a, a] \bigcap B = \varnothing$, 对任意 $b \in B$, 存在 $x_b < b$, 使得 $(x_b, b] \bigcap A = \varnothing$, 令 $U_A = \bigcup\{(x_a, a] : a \in A\}$, $U_B = \bigcup\{(x_b, b] : b \in B\}$, 则 U_A 与 U_B 是 X 中的开集且 $A \subset U_A$, $B \subset U_B$. 如果存在 $z \in U_A \bigcap U_B$, 则存在 $a \in A$, $b \in B$, 使得 $z \in (x_a, a] \bigcap (x_b, b]$, 于是有 $a \in (x_b, b]$ (或 $b \in (x_a, a]$), 这与 $(x_b, b] \bigcap A = \varnothing$ (或 $(x_a, a] \bigcap B = \varnothing$) 矛盾, 因此 $U_A \bigcap U_B = \varnothing$.

若 $a_0 \in A$, 不妨设 $A \backslash \{a_0\} \neq \varnothing$. 由于 $A \backslash \{a_0\}$ 与 B 是不相交的闭集, 因此由前面的证明可知存在 X 中的开集 $U_{A \backslash \{a_0\}}$ 与 U_B, 使得 $A \backslash \{a_0\} \subset U_{A \backslash \{a_0\}}$, $B \subset U_B$, 且 $U_{A \backslash \{a_0\}} \bigcap U_B = \varnothing$. 由于对任意 $b \in B$, 都有 $a_0 \notin (x_b, b]$, 因此 $a_0 \notin U_B$, 这样

6.4 Urysohn 引理与 Tietze 扩张定理及应用

$\{a_0\} \bigcup U_{A \setminus \{a_0\}}$ 与 U_B 是不相交的开集, 且 $A \subset \{a_0\} \bigcup U_{A \setminus \{a_0\}}$, $B \subset U_B$, 因此 X 是正规空间. □

由于每一序数的任一子集都是良序集, 因此有如下的推论:

推论 6.27 每一序数在序拓扑下都是遗传正规空间.

因此 ω_1 在序拓扑下是遗传正规空间, 其中 ω_1 是第一不可数极限序数, 下面将说明 ω_1 在序拓扑下不是完全正规空间.

引理 6.28 如果 $f : \omega_1 \to [0,1]$ 是连续映射, 则存在 $x_0 \in \omega_1$, 使得当 $x \geqslant x_0$ 时都有 $f(x) = f(x_0)$.

证明 只需证明对任意的 $n \in N$, 存在 $x_n \in X$, 使得当 $a_n, b_n \geqslant x_n$ 时, 有 $|f(a_n) - f(b_n)| < \dfrac{1}{n}$. 这是因为若令 c 是 $\{x_n : n \in N\}$ 的上界, 因此对任意 $a \in \omega_1$, 若 $a > c$, 都有 $a > x_n, c+1 > x_n$, 于是 $|f(a) - f(c+1)| < \dfrac{1}{n}$, 其中 $n \in N$. 因此 $f(a) = f(c+1)$, 这样令 $x_0 = c+1$ 即可.

假若存在 $n \in N$, 使得对任意的 $x \in \omega_1$, 都存在 $a > x, b > x$, 使得 $|f(a) - f(b)| \geqslant \dfrac{1}{n}$. 不妨对 $i \in N$, 已有 $x_m, a_m, b_m, m \leqslant i$, 使得 $a_m > x_m, b_m > x_m$, $|f(a_m) - f(b_m)| \geqslant \dfrac{1}{n}$, 且 $x_{m+1} > a_m, x_{m+1} > b_m, m \leqslant i-1$. 于是取 x_{i+1}, 使 $x_{i+1} > a_i, x_{i+1} > b_i$. 由假设存在 $a_{i+1} > x_{i+1}, b_{i+1} > x_{i+1}$, 使得 $|f(a_{i+1}) - f(b_{i+1})| \geqslant \dfrac{1}{n}$. 在 ω_1 中, 集合 $\{a_i, b_i : i \in N\}$ 有上确界 c_0, 于是 c_0 也是 $\{x_i : i \in N\}$ 的上确界, 由于 f 是连续映射, 于是存在 $r < c_0$, 使得对任一 $x \in (r, c_0]$, 有 $|f(x) - f(c_0)| < \dfrac{1}{2n}$, 于是存在 $i \in N$, 使得 $a_i, b_i \in (r, c_0]$. 因此 $|f(a_i) - f(c_0)| < \dfrac{1}{2n}$, $|f(b_i) - f(c_0)| < \dfrac{1}{2n}$, 于是 $|f(a_i) - f(b_i)| \leqslant |f(a_i) - f(c_0)| + |f(b_i) - f(c_0)| < \dfrac{1}{2n} + \dfrac{1}{2n} = \dfrac{1}{n}$, 这与 $|f(a_i) - f(b_i)| \geqslant \dfrac{1}{n}$ 矛盾, 因此该定理结论成立. □

推论 6.29 ω_1 是遗传正规空间, 但 ω_1 不是完全正规空间.

证明 由推论 6.27 可知, ω_1 是遗传正规空间. 令 $F = \{x : x \in \omega_1, x$ 是极限序数$\}$, 由于 ω_1 中的每个后继序数是 ω_1 中孤立点 (即单点集是开集), 因此 F 是 ω_1 中的闭集, 若存在连续映射 $f : \omega_1 \to [0,1]$, 使得 $F = f^{-1}(0)$, 由引理 6.28

可知, 存在 $x_0 \in \omega_1$, 当 $x > x_0$ 时 $f(x) = f(x_0)$, 因此可令 $x_1 > x_0$ 且 x_1 是极限序数, 于是 $f(x_1) = f(x_0)$. 由于 $f(x_1) = 0$, 因此 $f(x_0) = 0$. 这样当 $x > x_0$ 时有 $f(x) = f(x_0) = 0$. 因此对于大于 x_0 的后继序数 x', 也有 $f(x') = f(x_0) = 0$, 于是 $x' \in f^{-1}(0)$, 这样 $f^{-1}(0) \neq F$, 因此 ω_1 不是完全正规空间. □

6.4.2　Urysohn 引理在势方面的应用

引理 6.30　对每个非空的紧 T_2 拓扑空间 X, 若 X 不含有孤立点, 则 X 是不可数空间.

证明　由引理 6.16 可知, X 是正则空间. 假若 X 是可数的, 不妨令 $X = \{x_n : n \in N\}$. 取非空开集 $V_1 \subset X$, 使得 $x_1 \notin V_1$, 取某点 $x \in V_1$ 且 $x \notin \{x_2\}$ (由于 X 不含孤立点, 因此可取到这样的 x). 由正则性, 可取开集 V_2, 使得 $x \in V_2 \subset \overline{V_2} \subset V_1 \bigcap (X \backslash \{x_2\})$, 于是 V_2 中不含点 x_2.

不妨设对 $n \in N, n \geqslant 2$, 有开集 $V_i, i \leqslant n$, 使得 $\overline{V_{i+1}} \subset V_i, i \leqslant n-1$, 且 $x_i \notin \overline{V_i}, i \leqslant n$. 由于 X 不含有孤立点, 这样可取某点 $x \in V_n$, 且 $x \neq x_{n+1}$. 令 V_{n+1} 是开集且 $x \in V_{n+1} \subset \overline{V_{n+1}} \subset V_n \bigcap (X \backslash \{x_{n+1}\})$, 因此 $x_{n+1} \notin \overline{V_{n+1}}$.

这样得到开集列 $\{V_n : n \in N\}$, 满足 $\overline{V_{n+1}} \subset V_n$, 且 $x_n \notin \overline{V_n}, n \in N$. 因此由 X 的紧性可知 $\bigcap \{\overline{V_n} : n \in N\} \neq \varnothing$. 令 $z \in \bigcap \{\overline{V_n} : n \in N\}$, 则 $z \neq x_n, n \in N$, 这样与 $X = \{x_n : n \in N\}$ 矛盾. 因此 X 是不可数集. □

推论 6.31　若 $[a, b] \subset R$, 则 $|[a, b]| \geqslant \omega_1$.

定理 6.32　若 X 是连通的正规空间, 则 X 是单点集或是不可数集.

证明　X 是正规空间, 因此 X 是 T_1 空间. 不妨设 X 不是单点集. 取 $x_1 \in X$, $x_2 \in X, x_1 \neq x_2$, 由于 $\{x_1\}$ 与 $\{x_2\}$ 是不相交的闭集, 由正规性, 存在连续映射 $f : X \to [0, 1]$, 使得 $f(\{x_1\}) \subset \{0\}, f(\{x_2\}) \subset \{1\}$. 由于 $f(X)$ 是连通集, 且 $0 \in f(X), 1 \in f(X)$, 因此 $f(X) = [0, 1]$, 而 $|[0, 1]| \geqslant \omega_1$, 于是 $|X| \geqslant \omega_1$. □

6.4.3　Tietze 扩张定理

A 是 X 的闭子空间, $f : A \to R$ 是连续映射, 若存在连续映射 $g : X \to R$, 使得对任一 $x \in A, g(x) = f(x)$, 称 g 是 f 的连续扩张 (或连续延拓).

定理 6.33 (Tietze 扩张定理)　X 是正规空间, A 是 X 的闭子空间, $f : A \to R$ 是连续映射, 则存在 f 的连续扩张 $g : X \to R$.

证明 (1) 讨论 $f: A \to R$ 是有界的情况,即存在 $n \in N$,使得 $f(A) \subset [-n, n]$. 由于 $[-n, n]$ 与 $[-1, 1]$ 同胚,因此不妨设 $f: A \to [-1, 1]$. 这是因为:令 $f: A \to [-n, n]$ 是连续映射,$k: [-n, n] \to [-1, 1]$ 为同胚映射,则 $k \circ f: A \to [-1, 1]$ 连续,若 $k \circ f$ 有一连续扩张为 $g_1: X \to [-1, 1]$,即 $g_1|A = k \circ f$,则 $k^{-1} \circ g_1: X \to [-n, n]$ 连续且 $k^{-1} \circ g_1|A = f$,因此 $k^{-1} \circ g_1: X \to [-n, n]$ 是 $f: A \to R$ 的连续扩张.

令 $I_1 = \left[-1, -\dfrac{1}{3}\right]$,$I_2 = \left[-\dfrac{1}{3}, \dfrac{1}{3}\right]$,$I_3 = \left[\dfrac{1}{3}, 1\right]$,$B = f^{-1}(I_1)$,$C = f^{-1}(I_3)$,则 B 与 C 是 X 中的两不相交的闭集. X 是正规空间,于是存在连续映射 $f_1: X \to \left[-\dfrac{1}{3}, \dfrac{1}{3}\right]$,使得对任意 $x \in B$,$f_1(x) = -\dfrac{1}{3}$,对任意 $x \in C$,$f_1(x) = \dfrac{1}{3}$,于是有 $|f(x) - f_1(x)| \leqslant \dfrac{2}{3}$,且 $|f_1(x)| \leqslant \dfrac{1}{3}$,$f(x) - f_1(x)$ 是 A 上的连续映射.

令 $g_1(x) = f(x) - f_1(x)$,$B_1 = g_1^{-1}\left(\left[-\dfrac{2}{3}, -\dfrac{2}{9}\right]\right)$ 与 $C_1 = g_1^{-1}\left(\left[\dfrac{2}{9}, \dfrac{2}{3}\right]\right)$ 是 X 中两不相交的闭集,于是存在连续映射 $f_2: X \to \left[-\dfrac{2}{9}, \dfrac{2}{9}\right]$,使得 $f_2(B_1) \subset \left\{-\dfrac{2}{9}\right\}$,$f_2(C_1) \subset \left\{\dfrac{2}{9}\right\}$. 因此可知

$$|f(x) - f_1(x) - f_2(x)| \leqslant \dfrac{4}{9} = \dfrac{2^2}{3^2},$$

$$|f_2(x)| \leqslant \dfrac{2}{3^2}.$$

不妨设对 $n \in N$,有 $f_n: X \to \left[-\dfrac{2^{n-1}}{3^n}, \dfrac{2^{n-1}}{3^n}\right]$,且 $f_n(x)$ 连续,使得

$$|f(x) - f_1(x) - f_2(x) - \cdots - f_n(x)| \leqslant \dfrac{2^n}{3^n},$$

令

$$g_n(x) = f(x) - \sum_{i=1}^{n} f_i(x),$$

则 $g_n(x)$ 是 A 上的连续映射.

令 $B_n = g_n^{-1}\left(\left[-\dfrac{2^n}{3^n}, -\dfrac{2^n}{3^{n+1}}\right]\right)$ 与 $C_n = g_n^{-1}\left(\left[\dfrac{2^n}{3^{n+1}}, \dfrac{2^n}{3^n}\right]\right)$. 因此 B_n 与 C_n 是 A 中两不相交的闭集,而 A 是 X 的闭子空间,因此 B_n 与 C_n 是 X 中两不相交的闭集. 由正规性质,存在连续映射 $f_{n+1}: X \to \left[-\dfrac{2^n}{3^{n+1}}, \dfrac{2^n}{3^{n+1}}\right]$,使得对任意 $x \in B_n$,

$$f_{n+1}(x) = -\frac{2^n}{3^{n+1}}, \text{ 对任意 } x \in C_n, f_{n+1}(x) = \frac{2^n}{3^{n+1}}. \text{ 于是有}$$

$$|g_n(x) - f_{n+1}(x)| \leqslant \frac{2^{n+1}}{3^{n+1}},$$

因此

$$|f(x) - \sum_{i=1}^{n+1} f_i(x)| \leqslant \frac{2^{n+1}}{3^{n+1}},$$

$$|f_{n+1}(x)| \leqslant \frac{2^n}{3^{n+1}}.$$

如此可得到连续映射序列 $\{f_n(x)\}_{n \in N}, f_n : X \to \left[-\frac{2^{n-1}}{3^n}, \frac{2^{n-1}}{3^n}\right]$, 使得

$$|f(x) - \sum_{i=1}^{n} f_i(x)| \leqslant \frac{2^n}{3^n}$$

令

$$g(x) = \sum_{n=1}^{\infty} f_n(x),$$

由于 $|f_n(x)| \leqslant \frac{2^{n-1}}{3^n}$, 因此 $\sum_{n=1}^{\infty} f_n(x)$ 一致收敛于 $g(x)$, 因此 $g : X \to [-1, 1]$ 是连续映射. 当 $x \in A$ 时, 对任意 $n \in N$, 有

$$|f(x) - \sum_{i=1}^{n} f_i(x)| \leqslant \frac{2^n}{3^n},$$

因此当 $x \in A$ 时有 $f(x) = g(x)$.

(2) 若 $f : A \to R$ 是无界函数.

令 $f_1(x) = \arctan f(x)$, 则 $f_1(x)$ 是有界函数, $|f_1(x)| \leqslant \frac{\pi}{2}$. 由 (1) 可知存在连续映射 $g_1 : X \to \left[-\frac{\pi}{2}, \frac{\pi}{2}\right]$, 使得当 $x \in A$ 时, $g_1(x) = f_1(x)$. 这样当 $x \in A$ 时有 $g_1(x) \neq \frac{\pi}{2}$ 与 $g_1(x) \neq -\frac{\pi}{2}$. 因此 $B = g_1^{-1}\left(-\frac{\pi}{2}\right) \bigcup g_1^{-1}\left(\frac{\pi}{2}\right)$ 是 X 中与 A 不相交的闭集, 由 X 的正规性, 存在连续映射 $f_2 : X \to [0, 1]$, 使得 $f_2(A) \subset \{1\}$, $f_2(B) \subset \{0\}$. 两函数之积 $k = g_1 \cdot f_2 : X \to \left[-\frac{\pi}{2}, \frac{\pi}{2}\right]$ 是连续映射, 则对于任意 $x \in A, k(x) = g_1(x) = f_1(x)$. 由于 $k^{-1}\left(\left\{-\frac{\pi}{2}, \frac{\pi}{2}\right\}\right) = \varnothing$, 因此令 $g(x) = \tan(k(x))$, 则 $g : X \to R$ 是连续映射. 对任意 $x \in A$, 有 $g(x) = \tan(k(x)) = \tan(f_1(x)) = \tan(\arctan(f(x))) = f(x)$. □

6.5 关于完全正则空间

X 是正规空间, 若 $A \subset X$ 是 X 的闭集, 且 $A \neq X$, 对任意 $x \notin A$, $\{x\}$ 与 A 是 X 中两不相交的闭集 (因为 X 是正规空间, 这样 X 是 T_1 空间), 因此存在连续映射 $f: X \to [0,1]$, 使得 $f(x) = 1, f(A) \subset \{0\}$. 这样有如下定义:

定义 6.34 X 是 T_1 拓扑空间, 如果对 X 中任一闭集 A 及任一 $x \notin A$, 都存在连续映射 $f: X \to [0,1]$, 使得 $f(x) = 1, f(A) \subset \{0\}$, 则称 X 是完全正则空间.

每个正规空间是完全正则空间, 每个完全正则空间是正则空间. 实际上若 X 是完全正则空间, 则对 X 中任一闭集 A 及任一 $x \notin A$, 都存在连续映射 $f: X \to [0,1]$, 使得 $f(x) = 1, f(A) \subset \{0\}$, 因此 $x \in f^{-1}\left(\left(\frac{1}{2}, 1\right]\right)$, $A \subset f^{-1}\left(\left[0, \frac{1}{2}\right)\right)$, 而 $f^{-1}\left(\left(\frac{1}{2}, 1\right]\right)$ 与 $f^{-1}\left(\left[0, \frac{1}{2}\right)\right)$ 是 X 中两不相交开集. 另一方面, 正则空间不一定是完全正则空间, 关于这方面的例子可参阅文献 [2]. 本节的最后, 将给出是完全正则空间但不是正规空间的例子.

定理 6.35 每个完全正则空间的子空间也是完全正则空间.

证明 令 X 是完全正则空间, $Y \subset X$, $A \subset Y$ 且 A 是子空间 Y 的闭集. 对任意 $x \in Y \backslash A$, 都有 $x \notin \overline{A}$. 因此存在连续映射 $f: X \to [0,1]$, 使得 $f(x) = 1$, $f(\overline{A}) \subset \{0\}$. 令 $f_1 = f|Y$, 即 $f_1(y) = f(y), y \in Y$. 则 $f_1: Y \to [0,1]$ 连续, 且 $f_1(x) = 1, f_1(A) \subset \{0\}$. □

定理 6.36 如果 X_α 是完全正则空间, $\alpha \in \Lambda$, 则 $\prod_{\alpha \in \Lambda} X_\alpha$ 也是完全正则空间.

证明 可知 $\prod_{\alpha \in \Lambda} X_\alpha$ 是 T_1 空间. 若 $F \subset X = \prod_{\alpha \in \Lambda} X_\alpha$, F 是 X 中的闭集且 $x \notin F$. 因此存在开集 U, 使 $x \in U \subset X \backslash F$, 其中 $U = \bigcap_{i \leqslant n} P_{\alpha_i}^{-1}(U_{\alpha_i})$, 满足 $x_{\alpha_i} \in U_{\alpha_i}$, $i \leqslant n$. 由于 X_{α_i} 是完全正则空间, 因此存在连续映射 $f_i: X_{\alpha_i} \to [0,1]$, 使得 $f_i(x_{\alpha_i}) = 1, f_i(X_{\alpha_i} \backslash U_{\alpha_i}) \subset \{0\}$, 于是 $f_i \circ P_{\alpha_i}: X \to [0,1]$, 使得 $(f_i \circ P_{\alpha_i})(x) = 1$.

对任一 $y = (y_\alpha: \alpha \in \Lambda) \in \prod_{\alpha \in \Lambda} X_\alpha$, 如果 $y_{\alpha_i} \notin U_{\alpha_i}$, 则 $(f_i \circ P_{\alpha_i})(y) = f_i(y_{\alpha_i}) = 0$. 令 $g_i = f_i \circ P_{\alpha_i}, i \leqslant n$, 且定义 $f: X \to [0,1]$, 满足 $f(x_1) = g_1(x_1) \cdot g_2(x_1) \cdot \cdots$

$g_n(x_1)$, $x_1 \in X$. 则 $f(x) = 1$, 且对任一 $y \in F$, 存在 $i \leqslant n$, 使得 $y_{\alpha_i} \notin U_{\alpha_i}$, 于是 $g_i(y) = 0$, 于是 $f(y) = 0$. □

在定义 6.34 中,如果存在连续映射 $f_1 : X \to [0,1]$, 满足 $f_1(x) = 0$, $f_1(A) \subset \{1\}$, 则这与原来的定义是等价的.

定理 6.37 如果 X 是完全正则空间, A 是 X 中的紧集, B 是 X 中的闭集, 且 $A \bigcap B = \varnothing$, 则存在连续映射 $f : X \to [0,1]$, 使得 $f(A) \subset \{0\}$, $f(B) \subset \{1\}$.

证明 对任一 $x \in A$, 则 $x \notin B$, 于是存在连续映射 $f_x : X \to [0,1]$, 使得 $f_x(x) = 0$, $f_x(B) \subset \{1\}$. 由于 $A \subset \bigcup \left\{ f_x^{-1}\left(\left[0, \frac{1}{2}\right)\right) : x \in A \right\}$, 于是有 $n \in N$, 及 $x_i \in A$, $i \leqslant n$, 使得 $A \subset \bigcup \left\{ f_{x_i}^{-1}\left(\left[0, \frac{1}{2}\right)\right) : i \leqslant n \right\}$. 令 $f : X \to [0,1]$, 满足 $f(x) = 2 \max \left\{ \min\{ f_{x_i}(x) : i \leqslant n \} - \frac{1}{2}, 0 \right\}$, 则 $f(A) \subset \{0\}$, $f(B) \subset \{1\}$.

定理 6.38 如果 X 是完全正则空间, 则存在指标集 J, 使得 X 可嵌入到 $[0,1]^J$.

证明 由于 X 是完全正则空间, 对于 X 中两不同的点 x 与 y, $\{y\}$ 是 X 中的闭集且 $x \notin \{y\}$, 因此存在连续映射 $f_{xy} : X \to [0,1]$, 使得 $f_{xy}(x) = 1$, $f_{xy}(y) = 0$, 这样 $f_{xy}(x) \neq f_{xy}(y)$. 对于 X 中的任一闭集 F, 若 $x \notin F$, 则存在连续映射 $f_{xF} : X \to [0,1]$, 使得 $f_{xF}(x) = 1$, $f_{xF}(F) \subset \{0\}$, 因此 $f_{xF}(x) \notin \overline{f_{xF}(F)}$. 令 $\{f_\alpha : \alpha \in J\}$ 是由 X 到 $[0,1]$ 的所有连续映射构成的集族, 这样 $\{f_\alpha : \alpha \in J\}$ 是 X 上分离点及分离点与闭集的连续映射族. 由定理 3.28 可知若 $f : X \to [0,1]^J$ 满足 $f(x) = (f_\alpha(x) : \alpha \in J)$, 则 $f : X \to [0,1]^J$ 是嵌入. □

Sorgenfrey 直线 $(R, \mathcal{T}_S)$ 是正则的 Lindelöf 空间, 由定理 6.15 可知 $(R, \mathcal{T}_S)$ 是正规空间, 因此 $(R, \mathcal{T}_S)$ 是完全正则空间. 用 S 记 $(R, \mathcal{T}_S)$, 这样由定理 6.36 可知 S^2 是完全正则空间, 由例 6.19 可知 S^2 不是正规空间. 因此 S^2 是完全正则的非正规空间.

6.6 与分离性有关的几个结论

第 2 章研究了可分性质, 第 3 章研究了连续映射, 第 5 章研究了紧性, 本章研究了分离性. 这一节主要研究和这些性质有关的几个常用结论. 从另一个方面可以看出可分性质与分离性质的重要性.

定理 6.39 若 X 是紧空间, Y 是 T_2 拓扑空间, 且 $f: X \to Y$ 连续, 则 f 是闭映射.

证明 对于 X 中的任一闭集 F, 由 X 的紧性, 可知 F 是紧集, 因此由 f 的连续性可知 $f(F)$ 是空间 Y 中的紧集. Y 是 T_2 空间, 由定理 5.10 可知 $f(F)$ 是 Y 中的闭集, 因此 f 是闭映射. □

推论 6.40 若 $f: X \to Y$ 是连续的双映射, Y 是 T_2 拓扑空间, X 是紧空间, 则 f 是同胚映射.

下面研究一下可分性的重要性.

定理 6.41 若 X 有稠密集 D, Y 是 T_2 拓扑空间, 映射 $f: X \to Y$ 与 $g: X \to Y$ 都是连续映射且满足 $f|D = g|D$, 即对任意 $d \in D$ 有 $f(d) = g(d)$, 则对任意 $x \in X$ 有 $f(x) = g(x)$.

证明 假若存在 $x \in X$, 使得 $f(x) \neq g(x)$. 由于 Y 是 T_2 空间, 因此存在 Y 中不相交的开集 O_f 与 O_g, 使得 $f(x) \in O_f, g(x) \in O_g$. 由 f 与 g 的连续性, 存在 X 中开集 V_f 与 V_g, 使得 $x \in V_f, x \in V_g$, 且 $f(V_f) \subset O_f, g(V_g) \subset O_g$. 令 $V_x = V_f \bigcap V_g$, 则 $x \in V_x$ 且 V_x 是 X 中开集. 由于 $x \in \overline{D}$, 因此 $V_x \bigcap D \neq \varnothing$. 令 $d \in V_x \bigcap D$, 则 $f(d) = g(d) \in f(V_x) \bigcap g(V_x) \subset O_f \bigcap O_g$. 这与 $O_f \bigcap O_g = \varnothing$ 矛盾. 因此, 对任意 $x \in X$, 有 $f(x) = g(x)$. □

推论 6.42 若 X 是可分空间, D 是 X 的可数稠密集. 若 $\mathcal{A}_1 = \{f | f: X \to R$ 连续$\}$, $\mathcal{A}_2 = \{f | f: D \to R$ 连续$\}$, 则 $|\mathcal{A}_1| \leqslant |\mathcal{A}_2|$.

证明 若 $f_1 \in \mathcal{A}_1, f_2 \in \mathcal{A}_1$ 且 $f_1 \neq f_2$, 则由定理 6.41 可知 $f_1|D \neq f_2|D$, 而 $f_1|D \in \mathcal{A}_2, f_2|D \in \mathcal{A}_2$. 因此 $|\mathcal{A}_1| \leqslant |\mathcal{A}_2|$. □

定理 6.43 X 是一可分拓扑空间, 若 X 存在一个闭离散集 F 且 $|F| = |R|$, 则 X 不是正规空间.

证明 假若 X 是正规空间, 由于 F 是 X 中的闭集, 因此 F 上的每个实值连续映射 g 都有连续延拓 $f_g: X \to R$, 使得 $f_g|F = g$. 由于 F 是离散子空间, 因此每个映射 $g: F \to R$ 都连续. 若 $\mathcal{A}_1 = \{f | f: X \to R$ 是连续映射$\}$, $\mathcal{A}_3 = \{g | g: F \to$

是连续映射 }, 则 $|\mathcal{A}_1| \geqslant |\mathcal{A}_3|$. 令 D 是 X 的可数稠密集.

令 $\mathcal{A}_2 = \{f | f : D \to R$ 是连续映射\}, 则由推论 6.42 可知 $|\mathcal{A}_1| \leqslant |\mathcal{A}_2|$, 因此有 $|\mathcal{A}_3| \leqslant |\mathcal{A}_2|$.

由于 $|D| \leqslant \omega$, $|F| = |R| > \omega$, 因而由文献 [5] 关于基数的结论可知 $|\mathcal{A}_2| < |\mathcal{A}_3|$, 这与 $|\mathcal{A}_3| \leqslant |\mathcal{A}_2|$ 矛盾, 因此 X 不是正规空间. □

练 习

6.1 若 X 是 T_i 空间, $i \in \{0, 1, 2\}$, 则 X 的每个子空间也是 T_i 空间.

6.2 若 X_α 是 T_1 空间, $\alpha \in \Lambda$, 证明积空间 $\prod_{\alpha \in \Lambda} X_\alpha$ 也是 T_1 空间.

6.3 证明正规空间的闭连续映射像是正规空间.

6.4 证明正则空间的完备映射像是正则空间.

6.5 若 f 是拓扑空间 X 到 T_2 空间 Y 的连续映射, 则 $\{(x, y) : x \in X, y \in Y, f(x) = y\}$ 是 $X \times Y$ 中的闭集.

6.6 设 W 是正规空间 X 的开 F_σ 集 (即可数个闭集的并), 则存在 X 到 $[0, 1]$ 的连续映射 f, 使得 $W = \{x : x \in X, f(x) > 0\}$.

6.7 设 X 是正规空间, F 是 X 中的闭集, G 是 X 中的开集, 且 $F \subset G$, 证明存在开 F_σ 集 W, 使得 $F \subset W \subset G$.

6.8 X 是正则空间, $\{x_n : n \in N\}$ 是 X 中可数无限闭离散子集 ($\{x_n : n \in N\}$ 是 X 中的闭集, 且对任意 $n \in N$, 存在开集 U_n, 使得 $x_n \in U_n$, 且 $x_m \notin U_n$, $m \neq n$), 证明在 X 中存在一互不相交的开集构成的集族 $\{V_n : n \in N\}$, 使得 $x_n \in V_n$, $n \in N$.

6.9 证明 X 是 T_2 空间当且仅当对角线 $\Delta = \{(x, x) : x \in X\}$ 是 $X \times X$ 中的闭集.

6.10 X 是 T_1 空间, 如果对于 X 中的任意闭集 F 及任一连续映射 $g : F \to R$, 都存在连续映射 $f : X \to R$, 使得 $f | F = g$, 则 X 是正规空间.

6.11 X 是 T_1 空间. X 是完全正则空间当且仅当对任意非空开集 U 及任意 $x \in U$, 存在连续映射 $f : X \to [0, a]$, 使得 $f(x) = 0$, $f(X \setminus U) \subset \{a\}$, 其中 $a > 0$.

6.12 证明每个紧 T_2 空间是正规空间.

6.13 证明: 如果 X 是正则空间且 X 存在一个基 $\mathcal{B} = \bigcup\{\mathcal{B}_n : n \in N\}$, 使得对每个 $n \in N$ $\mathcal{B}_n$ 是 X 中的局部有限开集族, 则 X 是正规空间.

第 7 章 紧性的推广及紧化

7.1 局部紧空间

前面已知 R 中的闭区间 $[a,b]$ 是紧集,整个实数直线 R 不是紧空间,但对任意 $x \in R$,都可以找到 x 的邻域 $[x-1, x+1]$ 是紧集.

定义 7.1 X 是拓扑空间,如果对任一 $x \in X$,都存在 x 的邻域 V_x,使得 V_x 是 X 中的紧集,则称 X 是局部紧空间.

很容易知道局部紧性质是对闭集遗传的,同时局部紧空间的有限积空间是局部紧空间,因此 R^n 是局部紧空间.

定理 7.2 局部紧的 T_2 空间是正则空间.

证明 对任一 $x \in X$,存在点 x 的邻域 V_x,使得 V_x 是紧集. X 是 T_2 空间,因此 V_x 是 X 中的闭集. 由引理 6.16 可知, V_x 作为子空间是正则空间. 对于含 x 的任一开集 U,有 $x \in U \bigcap V_x^\circ \subset V_x$,由 V_x 的正则性质,存在 V_x 中的开集 U_x,使得 $x \in U_x \subset \overline{U_x}^{(V_x)} \subset U \bigcap V_x^\circ$. 由于 $U_x \subset U \bigcap V_x^\circ$,因此 U_x 在子空间 $U \bigcap V_x^\circ$ 内是开集,于是 U_x 也是 X 中的开集. $\overline{U_x}^{(V_x)}$ 是 V_x 中的闭集,因此 $\overline{U_x}^{(V_x)}$ 也是 X 中的闭集,这样 $\overline{U_x}^{(V_x)} = \overline{U_x}$,因此 $x \in U_x \subset \overline{U_x} \subset U \bigcap V_x^\circ \subset U$. 因此 X 是正则空间. □

在上述定理 7.2 中, $x \in U_x \subset \overline{U_x} \subset U \bigcap V_x^\circ \subset V_x$. 因此 $\overline{U_x}$ 也是紧集,因此有下列推论:

推论 7.3 如果 X 是局部紧 T_2 空间,则对任一 $x \in X$ 及含 x 的任一开集 V,存在含 x 的开集 U_x,使得 $x \in U_x \subset \overline{U_x} \subset V$,且 $\overline{U_x}$ 是紧集.

定理 7.4 如果 X 是局部紧 T_2 空间,则 X 是完全正则空间.

证明 对任一 $x \in X$,及含 x 的开集 V,由推论 7.3 知,存在开集 U_x,使得 $x \in U_x \subset \overline{U_x} \subset V$,且 $\overline{U_x}$ 是紧集. 由定理 6.17 可知, $\overline{U_x}$ 是正规空间,因此 $\overline{U_x}$ 是完全正则空间. 于是存在连续映射 $f_1 : \overline{U_x} \to [0,1]$,使得 $f_1(x) = 0$, $f_1(\overline{U_x} \backslash U_x) \subset \{1\}$. 令 $f : X \to [0,1]$,满足

$$f(x) = \begin{cases} f_1(x), & x \in \overline{U_x}, \\ 1, & x \in X \setminus \overline{U_x}. \end{cases}$$

下证 f 是连续映射. 对任一 $r \in (0,1)$, $f^{-1}([0,r)) = f_1^{-1}([0,r)) \subset U_x$, 且 $f_1^{-1}([0,r))$ 是 U_x 中的开集, 于是 $f^{-1}([0,r))$ 是 X 中的开集. $X \setminus f^{-1}((r,1]) = f^{-1}([0,r]) = f_1^{-1}([0,r]) \subset U_x$, 而 $f_1^{-1}([0,r])$ 是 $\overline{U_x}$ 中的闭集, 因此 $f^{-1}([0,r])$ 是 X 中的闭集, $f^{-1}((r,1])$ 是 X 中的开集. 这样 $f: X \to [0,1]$ 是连续映射, 且 $f(x) = 0$, $f(X \setminus V) \subset \{1\}$. 因此 X 是完全正则空间. □

7.2 仿紧空间

定义 7.5 如果 $\mathcal{U}$ 与 $\mathcal{V}$ 都是 X 的覆盖, 且对任一 $V \in \mathcal{V}$, 存在 $U \in \mathcal{U}$, 使得 $V \subset U$, 则称覆盖 $\mathcal{V}$ 是覆盖 $\mathcal{U}$ 的加细; 若 $\mathcal{V}$ 是 $\mathcal{U}$ 的加细, 且任意 $V \in \mathcal{V}$, V 都是 X 中的开 (闭) 集, 则称覆盖 $\mathcal{V}$ 是覆盖 $\mathcal{U}$ 的开 (闭) 加细; 如果对空间 X 的任一开覆盖 $\mathcal{U}$, 都存在开加细 $\mathcal{V}$, 使得对任一 $x \in X$, 存在 x 的开邻域 V_x, 使得 $|\{V : V_x \bigcap V \neq \emptyset, V \in \mathcal{V}\}| < \omega$ (即 $\mathcal{V}$ 是局部有限的), 则称 X 是仿紧空间. 满足上述条件的 $\mathcal{V}$ 称为 X 的局部有限开覆盖, 称 $\mathcal{V}$ 是 $\mathcal{U}$ 的局部有限开加细. 很显然每个紧空间都是仿紧空间.

首先来研究仿紧空间的一些基本性质, 看一看仿紧空间是否是闭集遗传的, 除紧空间外的哪些空间类包含仿紧性质以及仿紧空间具有怎样的分离性质.

定理 7.6 仿紧空间的闭子空间是仿紧空间.

证明 X 是仿紧空间, $F \subset X$ 是 X 的闭子空间, 令 $\mathcal{U}_F$ 是子空间 F 的任一开覆盖. 于是对任一 $U \in \mathcal{U}_F$, 存在 V_U 是 X 中的开集, 使得 $U = V_U \bigcap F$, 于是 $\mathcal{U} = \{V_U : U \in \mathcal{U}_F\} \bigcup \{X \setminus F\}$ 是 X 的开覆盖. X 是仿紧空间, $\mathcal{U}$ 存在局部有限开加细 $\mathcal{V}$, 令 $\mathcal{V}_F = \{V \bigcap F : V \in \mathcal{V}, V \bigcap F \neq \emptyset\}$, 则 $\mathcal{V}_F$ 是 $\mathcal{U}_F$ 在子空间 F 中的局部有限的开加细, 因此 F 是仿紧空间. □

定理 7.7 每个正则 Lindelöf 空间是仿紧空间.

证明 令 $\mathcal{U}$ 是 X 的任一开覆盖, 对任一 $x \in X$, 存在开集 V_x 及某个 $U_x \in \mathcal{U}$, 使得 $x \in V_x \subset \overline{V_x} \subset U_x$. 由于 X 是 Lindelöf 空间, 因此存在 $x_i \in X$, $i \in N$, 使得 $X = \bigcup \{V_{x_i} : i \in N\}$. 对每个 $i \in N$, 有 $\overline{V_{x_i}} \subset U_{x_i}$, 令 $U_1 = U_{x_1}$, $U_2 = U_{x_2} \setminus \overline{V_{x_1}}$, $U_n = U_{x_n} \setminus \bigcup \{\overline{V_{x_i}} : i \leqslant n-1\}$, $n > 1$. 对任意 $x \in X$, 存在最小的 $n \in N$, 使得

7.2 仿紧空间

$x \in U_{x_n}$. 若 $n = 1$, 则 $x \in U_1$; 若 $n > 1$, 则 $x \in U_{x_n} \setminus \bigcup \{\overline{V_{x_i}} : i \leqslant n-1\} = U_n$. 于是 $X = \bigcup \{U_n : n \in N\}$. 由于 $X = \bigcup \{V_{x_i} : i \in N\}$, 于是存在最小的 i, 使得 $x \in V_{x_i} \subset \overline{V_{x_i}}$. 因此当 $n > i$ 时, $V_{x_i} \bigcap U_n = \varnothing$, 因此 $\{U_n : n \in N\}$ 是 $\mathcal{U}$ 的局部有限开加细, 因此 X 是仿紧空间. □

由定理 7.7 知, R^n 与 Sorgenfrey 直线都是仿紧空间.

紧 T_2 拓扑空间是正规空间, 仿紧性质比紧性质要弱, 那么仿紧 T_2 拓扑空间是否是正规空间呢? 下面将研究此问题.

引理 7.8 如果 X 是仿紧 T_2 空间, 则 X 是正则空间.

证明 令 $F \subset X$ 是闭集, $x \notin F$. 对任一 $y \in F$, 存在开集 U_y 与 V_y, 使得 $x \in U_y, y \in V_y$, 且 $U_y \bigcap V_y = \varnothing$. 由于 $X = \bigcup \{V_y : y \in F\} \bigcup (X \setminus F)$, 因此 X 的开覆盖 $\mathcal{U} = \{V_y : y \in F\} \bigcup X \setminus F$ 存在局部有限的开加细 $\mathcal{V}$. 对于点 x, 存在开集 V_x, 使得 $x \in V_x$ 且 $|\{V : V_x \bigcap V \neq \varnothing, V \in \mathcal{V}, V \bigcap F \neq \varnothing\}| < \omega$. 令 $\{V : V_x \bigcap V \neq \varnothing, V \in \mathcal{V}, V \bigcap F \neq \varnothing\} = \{V_i : i \leqslant n\}$, 对每个 V_i, 存在 V_{y_i}, 使得 $V_i \subset V_{y_i}$, 令 $V'_x = V_x \bigcap (\bigcap \{U_{y_i} : i \leqslant n\})$, 则 $x \in V'_x$ 且 V'_x 是开集. 可知 $F \subset V_F = \bigcup \{V : V \in \mathcal{V}, V \bigcap F \neq \varnothing\}$ 且 $V'_x \bigcap V_F = \varnothing$. 因此 X 是正则空间. □

定理 7.9 如果 X 是仿紧 T_2 空间, 则 X 是正规空间.

证明 令 F_1 与 F_2 是 X 中不交的闭集, 对 $x \in F_1$, 由引理 7.8 可知, 存在开集 V_x 及开集 U_x, 使得 $x \in V_x, F_2 \subset U_x$, 且 $V_x \bigcap U_x = \varnothing$. 如果 $\mathcal{U} = \{V_x : x \in F_1\} \bigcup \{X \setminus F_1\}$, 则 $\bigcup \mathcal{U} = X$. 于是 $\mathcal{U}$ 存在局部有限的开加细 $\mathcal{V}$, 对任一 $y \in F_2$, 令 V_y 是含 y 的开集, $|\{V : V_y \bigcap V \neq \varnothing, V \bigcap F_1 \neq \varnothing, V \in \mathcal{V}\}| < \omega$. 令 $\{V : V_y \bigcap V \neq \varnothing, V \in \mathcal{V}, V \bigcap F_1 \neq \varnothing\} = \{V_i : i \leqslant n_y\}$, 对每个 $i \leqslant n_y$, 有 $V_i \subset V_{x_i}$. 令 $V'_y = V_y \bigcap (\bigcap \{U_{x_i} : i \leqslant n_y\})$, 则 V'_y 是开集, $y \in V'_y$ 且 $V'_y \bigcap (\bigcup \{V : V \bigcap F_1 \neq \varnothing, V \in \mathcal{V}\}) = \varnothing$. 令 $V_{F_2} = \bigcup \{V'_y : y \in F_2\}$, $V_{F_1} = \bigcup \{V : V \in \mathcal{V}, V \bigcap F_1 \neq \varnothing\}$, 则 $V_{F_2} \bigcap V_{F_1} = \varnothing$ 且 V_{F_1} 与 V_{F_2} 都是开集, 同时 $F_1 \subset V_{F_1}, F_2 \subset V_{F_2}$. □

结论 7.10 如果 S 是 Sorgenfrey 直线, 则 S^2 不是仿紧空间. 因为 S^2 不是正规空间, 但 S^2 是 T_2 空间, 因此由定理 7.9 可知 S^2 不是仿紧空间.

下面将研究仿紧空间的等价命题.

如果 X 的集族 $\mathcal{U} = \bigcup \{\mathcal{V}_n : n \in N\}$, 且对每个 $n \in N$, $\mathcal{V}_n$ 是 X 的局部有限集

族, 则称 $\mathcal{U}$ 是 X 的 σ 局部有限集族, 若 $\mathcal{U}$ 中的每个元都是开 (闭) 集, 则称 $\mathcal{U}$ 是 X 的 σ 局部有限开 (闭) 集族.

定理 7.11 对于正则空间 X, 下述条件等价:

(1) X 是仿紧空间;
(2) X 的每个开覆盖存在 σ 局部有限开加细;
(3) X 的每个开覆盖存在局部有限加细;
(4) X 的每个开覆盖存在局部有限闭加细.

证明 "$(1) \Rightarrow (2)$" 显然.

"$(2) \Rightarrow (3)$" $X = \bigcup \mathcal{U}$, $\mathcal{U}$ 是 X 的开覆盖, 因此由已知存在开加细 $\mathcal{V} = \bigcup \{\mathcal{V}_n : n \in \mathbb{N}\}$, 对每个 $n \in \mathbb{N}$, $\mathcal{V}_n$ 是 X 中局部有限的开集族. 对每个 $n \geqslant 2$, 及 $V \in \mathcal{V}_n$, 令 $V' = V \setminus \bigcup\{\bigcup \mathcal{V}_i : i \leqslant n-1\}$. 如果 $V \in \mathcal{V}_1$, 则 $V' = V$. 因此 $\mathcal{V}' = \{V' : V \in \mathcal{V}\}$ 是 $\mathcal{U}$ 的加细.

对任意 $x \in X$, 令 n_x 是最小的自然数, 使得 $x \in \bigcup \mathcal{V}_{n_x}$. 如果 $n_x = 1$, 则存在某个 $V \in \mathcal{V}_1$, 使得 $x \in V$, 而此时 $V' = V$; 如果 $n_x > 1$, 存在某个 $V \in \mathcal{V}_{n_x}$, 使得 $x \in V$, 这样 $x \in V \setminus \bigcup\{\bigcup \mathcal{V}_i : i \leqslant n_x - 1\} = V'$. 这样可知 $X = \bigcup \mathcal{V}'$. 对任意 $x \in X$, 令 $n = \min\{i : x \in \bigcup \mathcal{V}_i\}$, 因此 $x \in \bigcup \mathcal{V}_n$. 对每个 $i \leqslant n$, 存在开集 V_i, $x \in V_i$, 且 $|\{V : V_i \cap V \neq \varnothing, V \in \mathcal{V}_i\}| < \omega$, 令 $V_x = (\bigcap \{V_i : i \leqslant n\}) \cap (\bigcup \mathcal{V}_n)$, 则 $x \in V_x$, 且 V_x 是开集. 当 $m > n$ 时, 若 $V \in \mathcal{V}_m$, 则 $V_x \cap V' = \varnothing$, 因而 $|\{V' : V_x \cap V' \neq \varnothing, V' \in \mathcal{V}'\}| < \omega$, 于是 $\mathcal{V}'$ 是 $\mathcal{U}$ 的局部有限加细.

"$(3) \Rightarrow (4)$" 令 $\mathcal{U}$ 是 X 的覆盖, 对任意 $x \in X$, 存在开集 V_x 及 $U_x \in \mathcal{U}$, 使得 $x \in V_x \subset \overline{V_x} \subset U_x$, 因此 $X = \bigcup\{V_x : x \in X\}$. 由已知 $\{V_x : x \in X\}$ 存在局部有限加细 $\mathcal{F}$, 令 $\overline{\mathcal{F}} = \{\overline{F} : F \in \mathcal{F}\}$. 对任一 $F \in \mathcal{F}$, 存在 V_x 使得 $F \subset V_x \subset \overline{V_x} \subset U_x$, 于是 $\overline{F} \subset U_x$ 且 $U_x \in \mathcal{U}$. 因此 $\overline{\mathcal{F}}$ 是 $\mathcal{U}$ 的闭加细, 同时由定理 2.20 可知, $\overline{\mathcal{F}}$ 仍是局部有限的闭集族, 因此 (4) 成立.

"$(4) \Rightarrow (1)$" 令 $\mathcal{U}$ 是 X 的开覆盖, 由 (4) 知, $\mathcal{U}$ 存在局部有限闭加细 $\mathcal{F}_1$. 对任意 $x \in X$, 令 V_x 是 X 的开集, $x \in V_x$, 且 $|\{F : F \cap V_x \neq \varnothing, F \in \mathcal{F}_1\}| < \omega$. 令 $\mathcal{V} = \{V_x : x \in X\}$, 于是 $\mathcal{V}$ 存在局部有限闭加细 $\mathcal{F}_2$, 对任一 $x \in X$, 存在开集 U_x, 使得 $x \in U_x$, 且 $|\{F_2 : F_2 \cap U_x \neq \varnothing, F_2 \in \mathcal{F}_2\}| < \omega$. 令 $\mathcal{F}_2(x) = \{F_2 : F_2 \cap U_x \neq \varnothing, F_2 \in \mathcal{F}_2\}$, 对任一 $F_2 \in \mathcal{F}_2(x)$, 存在某个 V_y, 使得 $F_2 \subset V_y$, 于是若令 $\mathcal{F}_1(F_2) = \{F_1 : F_1 \cap F_2 \neq$

$\varnothing, F_1 \in \mathcal{F}_1\}$, 则 $|\mathcal{F}_1(F_2)| < \omega$. 因此对任一 $F_1 \in \mathcal{F}_1 \setminus \bigcup \{\mathcal{F}_1(F_2) : F_2 \in \mathcal{F}_2(x)\}$, 有 $F_1 \bigcap (\bigcup \mathcal{F}_2(x)) = \varnothing$, 且 $x \in U_x \subset \bigcup \mathcal{F}_2(x)$. 对任一 $F_1 \in \mathcal{F}_1$, 存在 $U_{F_1} \in \mathcal{U}$, 使得 $F_1 \subset U_{F_1}$, 令 $V_{F_1} = U_{F_1} \setminus \bigcup \{F_2 : F_2 \in \mathcal{F}_2, F_2 \bigcap F_1 = \varnothing\}$, 则 V_{F_1} 是开集且 $F_1 \subset V_{F_1}$. 由前述可知, 当 $F_1 \in \mathcal{F}_1 \setminus \bigcup \{\mathcal{F}_1(F_2) : F_2 \in \mathcal{F}_2(x)\}$ 时, 有 $U_x \bigcap V_{F_1} = \varnothing$, 因此 $\mathcal{V}' = \{V_{F_1} : F_1 \in \mathcal{F}_1\}$ 是 $\mathcal{U}$ 的局部有限开加细, 因此 X 是仿紧空间. □

定理 7.12 X 是仿紧空间, $\mathcal{U} = \{U_\alpha : \alpha \in \Lambda\}$ 是 X 的开覆盖, 则 $\{U_\alpha : \alpha \in \Lambda\}$ 存在局部有限开加细 $\mathcal{V} = \{V_\alpha : \alpha \in \Lambda\}$, 使得 $V_\alpha \subset U_\alpha, \alpha \in \Lambda$.

证明 令 $\mathcal{V}$ 是 $\mathcal{U}$ 的局部有限开加细, 对任一 $V \in \mathcal{V}$, 存在 $\alpha_V \in \Lambda$, 使得 $V \subset U_{\alpha_V}$. 对任一 $U_\alpha \in \mathcal{U}$, 令 $V_\alpha = \bigcup \{V : V \in \mathcal{V}, \alpha_V = \alpha\}$, 由于对任一 $V \in \mathcal{V}$, 只选定一个 α_V 使得 $V \subset U_{\alpha_V}$, 因此易证 $\{V_\alpha : \alpha \in \Lambda\}$ 是 $\mathcal{U}$ 的局部有限开加细, 满足 $V_\alpha \subset U_\alpha, \alpha \in \Lambda$. □

实际上仿紧空间的等价命题还有很多, 通过对仿紧空间更深入的讨论, 可知仿紧 T_2 空间满足更强的分离性质, 那就是集体正规空间, 感兴趣的读者可参阅文献 [2]. 关于集体正规的概念将在本书的第 8 章出现.

7.3 可数紧空间

ω_1 是 T_1 空间, ω_1 中任一可数无限子集 A 在 ω_1 中有聚点. 这是因为 A 是可数集, 于是有 $b \in \omega_1$, 使得 $A \subset [0, b]$, 而 $[0, b]$ 是紧集, 因此 A 在 $[0, b]$ 中有聚点, 因此 A 在 ω_1 中有聚点. 实际上在 ω_1 中一可数无限子集 A 的聚点就是 A 的上确界. 本节将研究这种每个无限子集都有聚点的空间类的性质. 紧、仿紧空间都是用开覆盖及其加细来刻画的, 那前面提到的这种空间类将如何用覆盖性质刻画呢? 本节将研究此问题.

定义 7.13 如果对空间 X 的任一可数开覆盖 $\mathcal{U}$, 都存在有限子覆盖 $\mathcal{V} \subset \mathcal{U}$, 即 $|\mathcal{V}| < \omega$, 使得 $X = \bigcup \mathcal{V}$, 则称 X 是可数紧空间.

例如: ω_1 在序拓扑下是可数紧空间, 但它不是紧空间, 为了说明此性质, 需要下面的等价命题.

定理 7.14 对于 T_1 空间 X, 下述条件等价:

(1) X 是可数紧空间;

(2) 对 X 中任一递降的可数非空闭集列 $\{F_n : n \in N\}$,都有 $\bigcap_{n \in N} F_n \neq \varnothing$;

(3) 对 X 中的任一无限子集 A, A 在 X 中都有聚点.

证明 "(1) $\Rightarrow$ (2)" 令 $\{F_n : n \in N\}$ 是 X 中的一递降可数非空闭集列,假若 $\bigcap_{n \in N} F_n = \varnothing$,则 $X = \bigcup\{X \backslash F_n : n \in N\}$. 由于 X 是可数紧空间,因此存在 $m \in N$,使得 $X = \bigcup\{X \backslash F_n : n \leqslant m\}$. 于是 $\varnothing = X \backslash \bigcup\{X \backslash F_n : n \leqslant m\} = \bigcap_{n \leqslant m} F_n = F_m$,这与 $F_m \neq \varnothing$ 矛盾. 因此 $\bigcap_{n \in N} F_n \neq \varnothing$.

"(2) $\Rightarrow$ (3)" 令 A 是 X 中的无限子集,取 A 的可数无限子集 $\{x_n : n \in N\}$,对每 $n \in N, m \in N$,若 $n \neq m$,有 $x_n \neq x_m$. 令 $F_n = \{x_m : m \geqslant n\}$,则 $\overline{F_{n+1}} \subset \overline{F_n}$, $n \in N$. 由 (2) 可知存在 $x \in \bigcap\{\overline{F_n} : n \in N\}$. 因此 x 是 $\{x_n : n \in N\}$ 的聚点. 否则由 X 的 T_1 性质,存在含 x 的开集 V_x,使得 $|(V_x \backslash \{x\}) \bigcap \{x_n : n \in N\}| < \omega$. 这样有 $m \in N$,使得 $(V_x \backslash \{x\}) \bigcap \{x_n : n \geqslant m\} = \varnothing$. 因此 $(V_x \backslash \{x\}) \bigcap F_m = \varnothing$. 若 $x \notin F_m$,则 $V_x \bigcap F_m = \varnothing$,这与 $x \in \overline{F_m}$ 矛盾,因此 $x \in F_m$. 于是有 $m_1 > m$,使得 $x \notin F_{m_1}$,因此 $V_x \bigcap F_{m_1} = \varnothing$,这与 $x \in \overline{F_{m_1}}$ 矛盾. 因此 x 是 $\{x_n : n \in N\}$ 的聚点,于是 x 是 A 的聚点.

"(3) $\Rightarrow$ (1)" 设 $\mathcal{U}$ 是 X 的可数开覆盖,不妨设 $\mathcal{U} = \{U_n : n \in N\}$. 假若 $\mathcal{U}$ 没有有限子覆盖,则令 $F_n = X \backslash \bigcup\{U_m : m \leqslant n\}$,则 $F_n \neq \varnothing$,且 F_n 是 X 中的闭集. 取 $x_n \in F_n$,则 $\{x_n : n \in N\}$ 一定是无限集. 由 (3) 知, $\{x_n : n \in N\}$ 有聚点 x. 由于 X 是 T_1 空间,因此对任意 $n \in N$, x 是 $\{x_m : m \geqslant n\}$ 的聚点,而 $\{x_m : m \geqslant n\} \subset F_n$,因此 $x \in \bigcap\{F_n : n \in N\}$. 由于存在 $U_m \in \mathcal{U}$,使得 $x \in U_m$,因此 $x \notin F_m$,这与 $x \in \bigcap\{F_n : n \in N\}$ 矛盾,因此 (1) 成立. □

为说明 ω_1 是可数紧空间,只需说明 ω_1 中任一可数无限子集 A 在 ω_1 中有聚点,而本节的开始已说明了 ω_1 中任一可数无限子集 A 在 ω_1 中有聚点,同时 ω_1 是 T_1 空间,因此 ω_1 是可数紧空间.

每个紧空间都是可数紧空间,同时也是 Lindelöf 空间,因此有下述定理:

定理 7.15 X 是紧空间当且仅当 X 是可数紧的 Lindelöf 空间.

定理 7.16 如果 $f : X \to Y$ 是完备映射,则 X 是可数紧空间当且仅当 Y 是可数紧空间.

7.3 可数紧空间

证明 "⇒"由于 $f(X) = Y$,对 Y 的任一可数开覆盖 $\mathcal{U}$,则 $f^{-1}(\mathcal{U}) = \{f^{-1}(U) : U \in \mathcal{U}\}$ 是 X 的可数开覆盖.因此存在有限集 $\mathcal{U}_1 \subset \mathcal{U}$,使得 $X = \bigcup\{f^{-1}(U) : U \in \mathcal{U}_1\}$,因此 $Y = \bigcup\{f(f^{-1}(U)) : U \in \mathcal{U}_1\} = \bigcup\{U : U \in \mathcal{U}_1\}$. 这样 Y 是可数空间.

"⇐" 设 $\mathcal{U}$ 是 X 的任一可数开覆盖,对任一 $y \in Y$, $f^{-1}(y)$ 是 X 的紧子集,于是存在 $\mathcal{U}$ 中的有限子集族 $\mathcal{U}_y \subset \mathcal{U}$,使得 $f^{-1}(y) \subset \bigcup \mathcal{U}_y$,于是 $y \in Y \backslash f(X \backslash \bigcup \mathcal{U}_y)$. 因此 $Y = \bigcup\{Y \backslash f(X \backslash \bigcup \mathcal{U}_1) : \mathcal{U}_1 \subset \mathcal{U}, |\mathcal{U}_1| < \omega\}$,由于 $|\mathcal{U}| \leq \omega$,因此有 $|\{Y \backslash f(X \backslash \bigcup \mathcal{U}_1) : \mathcal{U}_1 \subset \mathcal{U}, |\mathcal{U}_1| < \omega\}| \leq \omega$. 于是存在 $n \in N$, $\mathcal{U}_m \subset \mathcal{U}$, $|\mathcal{U}_m| < \omega$, $m \leq n$, 使得 $Y = \bigcup\{Y \backslash f(X \backslash \bigcup \mathcal{U}_m) : m \leq n\}$. 于是 $X = \bigcup\{f^{-1}(Y \backslash f(X \backslash \bigcup \mathcal{U}_m)) : m \leq n\}$, 而 $f^{-1}(Y \backslash f(X \backslash \bigcup \mathcal{U}_m)) \subset \bigcup \mathcal{U}_m$,于是 $X = \bigcup\{\bigcup \mathcal{U}_m : m \leq n\}$,因此 $X = \bigcup(\bigcup\{\mathcal{U}_m : m \leq n\})$,且 $\bigcup\{\mathcal{U}_m : m \leq n\}$ 是 $\mathcal{U}$ 的有限子族,因此 X 是可数紧空间. □

由定理 5.20 及定理 7.16 有如下的推论:

推论 7.17 如果 X 是可数紧空间, Y 是紧空间,则 $X \times Y$ 是可数紧空间.

由于紧空间是可数紧空间也是仿紧空间,那么可数紧的仿紧空间是否是紧空间?

引理 7.18 如果 X 是可数紧的 T_1 空间, $\mathcal{F}$ 是 X 的局部有限集族,则存在有限子族 $\mathcal{F}_1 \subset \mathcal{F}$, 使得 $\bigcup \mathcal{F}_1 = \bigcup \mathcal{F}$.

证明 假若要证的结论不成立,对任一 n, 取 $F_n \in \mathcal{F}$, 及 $x_n \in F_n$, $x_n \notin F_m$, $m < n$. 由于 $\bigcup \mathcal{F} \neq \bigcup\{F_m : m \leq n\}$, 因此可取 $x_{n+1} \in \bigcup \mathcal{F} \backslash \bigcup\{F_m : m \leq n\}$, 再取 $F_{n+1} \in \mathcal{F}$ 使得 $x_{n+1} \in F_{n+1}$. 如此得到集合 $\{x_n : n \in N\} = A$ 是无限集. 由于 $x_n \in F_n$, $\{F_n : n \in N\}$ 是局部有限集族,因此 A 在 X 中不存在聚点,这与 X 是可数紧矛盾,这样存在有限子族 $\mathcal{F}_1 \subset \mathcal{F}$, 使得 $\bigcup \mathcal{F}_1 = \bigcup \mathcal{F}$. □

定理 7.19 X 是 T_1 空间, X 是紧空间当且仅当 X 是可数紧的仿紧空间.

证明 只需证"⇐". 设 $\mathcal{U}$ 是 X 的开覆盖,由于 X 是仿紧空间,因此 $\mathcal{U}$ 存在局部有限开加细 $\mathcal{V}$, 由引理 7.18 知,存在 $\mathcal{V}_1 \subset \mathcal{V}$, $|\mathcal{V}_1| < \omega$, 使得 $X = \bigcup \mathcal{V}_1$. 对任一 $V \in \mathcal{V}_1$, 有 $U_V \in \mathcal{U}$ 使得 $V \subset U_V$, 因此 $X = \bigcup\{U_V : V \in \mathcal{V}_1\}$, 这样 X 是紧空间. □

由结论 7.10 可知仿紧空间不具有可积性质,即仿紧空间的有限积空间不一定是仿紧空间. 仿紧空间也不是遗传的,因为 $\omega_1 + 1$ 是紧的,因此是仿紧空间,但

$\omega_1 + 1$ 的子空间 ω_1 不是仿紧空间. 这是因为 ω_1 是可数紧空间, 而由定理 7.19 可知可数紧的仿紧空间是紧空间, 但 ω_1 不是紧空间, 因此 ω_1 不是仿紧空间.

7.4 紧 化

由于紧空间具有很好的性质, 因此希望所讨论的空间是紧空间或是紧空间的子集. 下面将研究满足什么性质的空间可以作为紧空间的子空间.

空间 X 的一个紧化 Y 是一个包含 X 的紧 T_2 拓扑空间, 使得 X 是 Y 的子空间且 $\overline{X} = Y$. 如果 Y_1 与 Y_2 都是 X 的紧化, 且存在同胚映射 $h: Y_1 \to Y_2$ 使得 $h(x) = x, x \in X$, 则称 Y_1 与 Y_2 是等价的.

7.4.1 单点紧化

定义 7.20 如果 Y 是 X 的紧化且 $Y\backslash X$ 是单点集, 则称 Y 是 X 的单点紧化.

定理 7.21 如果 X 是 T_2 局部紧空间, 则 X 存在单点紧化.

证明 令 $\infty \notin X$, $Y = X \bigcup \{\infty\}$, $\mathcal{T}$ 是 X 的拓扑. 对任一 $x \in X$, 令 $\mathcal{B}(x) = \{U : x \in U, U \in \mathcal{T}\}$, $\mathcal{B}(\infty) = \{(X\backslash C) \bigcup \{\infty\} : \text{其中 } C \text{ 是 } X \text{ 中的紧集}\}$. Y 的拓扑是由 $\{\mathcal{B}(x) : x \in Y\}$ 所生成. 对空间 Y 的任一开覆盖 $\mathcal{U}$, 存在 $U_\infty \in \mathcal{U}$, 使得 $\infty \in U_\infty$. 于是有 $B \in \mathcal{B}(\infty)$, 使得 $B \subset U_\infty$. 令 $B = (X\backslash C) \bigcup \{\infty\}$, 其中 C 是 X 中的紧集. 因此 $Y \backslash U_\infty \subset Y \backslash B = X \backslash (X \backslash C) = C$. 由于 C 是 X 中的紧集且 $\{U \bigcap X : U \in \mathcal{U}\}$ 是 X 的开覆盖, 因此存在 $\mathcal{U}_1 \subset \mathcal{U}$, $|\mathcal{U}_1| < \omega$, 使得 $C \subset \bigcup \{U \bigcap X : U \in \mathcal{U}_1\} \subset \bigcup \{U : U \in \mathcal{U}_1\} = \bigcup \mathcal{U}_1$. 这样 $Y = (\bigcup \mathcal{U}_1) \bigcup U_\infty$. 因此 Y 是紧空间且 $\overline{X} = Y$.

由于 X 是 T_2 空间, 对任意 $x_1, x_2 \in X$, 若 $x_1 \neq x_2$, 则存在 $U_1 \in \mathcal{B}(x_1)$, $U_2 \in \mathcal{B}(x_2)$, 使得 $U_1 \bigcap U_2 = \varnothing$. 对于 $x_1 \in X$, $x_2 = \infty$, 由于 X 是局部紧空间, 因此存在开集 V_{x_1}, 使得 $\overline{V_{x_1}}$ 是 X 中的紧集且 $x_1 \in V_{x_1}$, 因此 $(X\backslash \overline{V_{x_1}}) \bigcup \{\infty\} \in \mathcal{B}(\infty)$, 且 $V_{x_1} \bigcap ((X\backslash \overline{V_{x_1}}) \bigcup \{\infty\}) = \varnothing$, 因此 Y 是 T_2 空间, 且 Y 是 X 的单点紧化. □

定理 7.22 X 是 T_2 拓扑空间, 如果 X 存在单点紧化, 则 X 的任意两个单点紧化 Y_1 与 Y_2 是等价的.

证明 令 $Y_1 = X \bigcup \{y_1\}$ 与 $Y_2 = X \bigcup \{y_2\}$ 都是 X 的单点紧化, 则只需证明

7.4 紧化

Y_1 与 Y_2 是同胚的. 令 $h: Y_1 \to Y_2$, 满足当 $x \in X$ 时 $h(x) = x$, 当 $x = y_1$ 时, $h(x) = y_2$. 对于 Y_2 中的任一开集 V, 若 $V \subset X$, 则 $h^{-1}(V) = V$, 因此 $h^{-1}(V)$ 是 X 中的开集. 由于 X 在 Y_1 中是开集, 因此 $h^{-1}(V)$ 是 Y_1 中的开集. 若 $y_2 \in V$, $F = Y_2 \backslash V \subset X$, 因此 $h^{-1}(V) = Y_1 \backslash h^{-1}(F) = Y_1 \backslash F$. F 是 Y_2 中的闭集, 因此 F 是 Y_2 中的紧集. $F \subset X$, 于是 F 也是 X 中的紧集. $F \subset Y_1$, 于是 F 也是 Y_1 中紧集. Y_1 是 T_2 空间, 因此 F 是 Y_1 中的闭集, 于是 $h^{-1}(F) = F$ 是 Y_1 中的闭集, 这样 $h^{-1}(V) = Y_1 \backslash F$ 是 Y_1 中的开集, 因此 h 是连续的双映射. 同理可证 h 是开映射, 因此 h 是同胚映射. □

7.4.2 Stone-Čech 紧化及紧化的某些应用

对于空间 X, 若空间 X 存在紧化, 那么其紧化可能不是唯一的, 本节将研究空间 X 的不同紧化间的关系, 研究如何构造空间 X 的紧化, 以及怎样通过空间 X 的紧化来研究 X 的性质.

引理 7.23 X 是拓扑空间, 如果存在从空间 X 到紧 T_2 空间 Z 的嵌入 $h: X \to Z$, 则空间 X 存在紧化 Y, 同时存在由空间 Y 到 Z 的嵌入 $H: Y \to Z$, 使得 $H(x) = h(x), x \in X$. 如果 X 的两个紧化 Y_1 与 Y_2 均可嵌入到 Z, 且 $H_i: Y_i \to Z$ 是对应的嵌入, 使得 $H_i(x) = h(x), i = 1, 2, x \in X$, 则 Y_1 与 Y_2 是等价的 (称 Y 是由 h 诱导出的紧化).

证明 令 $h(X) = X_0 \subset Z$, $\overline{X_0}^{(Z)} = Y_0$, 将构造 Y 是 X 的紧化. 令 $k: A \to Y_0 \backslash X_0$ 是一双射, 其中 A 是一集, $Y = X \bigcup A$, $H: Y \to Y_0$, 满足:
$$H(x) = \begin{cases} h(x), & x \in X, \\ k(x), & x \in A, \end{cases}$$
且定义 Y 的拓扑 $\mathcal{T}_Y$ 如下: $U \in \mathcal{T}_Y$ 当且仅当 $H(U)$ 是 Y_0 中的开集. 因此 H 是一同胚映射, 且 $H(Y) = Y_0 \subset Z$, $H(x) = h(x), x \in X$, 因此 $H: Y \to Z$ 是一嵌入.

如果 $H_i: Y_i \to Z$ 是嵌入, 使得 $H_i(x) = h(x), x \in X, i \in \{1, 2\}$. 由于 $\overline{X}^{(Y_i)} = Y_i$, 因此 $H_i(\overline{X}^{(Y_i)}) \subset \overline{h(X)}^{(Z)} = \overline{X_0}^{(Z)} = Y_0$. 另一方面 $H_i(Y_i)$ 是 Z 中的紧集, Z 是 T_2 空间, 因此 $H_i(Y_i)$ 是 Z 中的闭集. $H_i(X) = X_0 \subset H_i(Y_i)$, 于是有 $\overline{X_0} = Y_0 \subset H_i(Y_i)$, 因此 $H_i(Y_i) = Y_0, i = 1, 2$. 令 $g = H_2^{-1} \circ H_1: Y_1 \to Y_2$, 则 g 是同胚映射, 因此 Y_1 与 Y_2 同胚. □

例 7.24 S^1 是 R^2 中的单位圆周, 令 $h: (0, 1) \to S^1$, 满足 $h(t) = (\cos 2\pi t, \sin 2\pi t)$, $X = (0, 1)$, 由 h 诱导出的 X 的紧化与 X 的单点紧化等价.

如果 $X \subset Y$, $h: X \to Z$ 连续，若存在连续映射 $H: Y \to Z$，使得当 $x \in X$ 时，有 $H(x) = h(x)$，称 $H: Y \to Z$ 是 $h: X \to Z$ 的连续延拓，有时简称为延拓 (或扩张). 如果 Y 是 X 的紧化，那么在什么条件下，X 上的实值连续函数可以连续延拓到 Y 上? 若 Y 是 X 的紧化，$H: Y \to R$ 是 $h: X \to R$ 的连续延拓，由于 Y 是紧空间，因此 $H(Y)$ 是 R 中的有界闭集，这样 $h(X)$ 也应是 R 中的有界集.

定理 7.25 如果 X 是完全正则空间，则 X 存在紧化 Y，使得 X 上的每个有界实值连续映射可以连续延拓到 Y.

证明 令 $\{f_\alpha : \alpha \in \Lambda\}$ 是 X 上的所有有界实值连续映射构成的集族，对每个 $\alpha \in \Lambda$，令 I_α 是 R 上包含 $f_\alpha(X)$ 的闭区间，可令 $I_\alpha = [\inf f_\alpha(X), \sup f_\alpha(X)]$. 定义 $h: X \to \prod_{\alpha \in \Lambda} I_\alpha$，满足 $h(x) = (f_\alpha(x) : \alpha \in \Lambda)$. 已知 $\prod_{\alpha \in \Lambda} I_\alpha$ 是紧 T_2 空间. 由于 X 是完全正则空间，因此 $\{f_\alpha : \alpha \in \Lambda\}$ 是分离点及分离点与闭集的集族. 因此由定理 3.28 可知 h 是嵌入. 令 Y 是 X 的由 h 诱导出的紧化，因此有嵌入 $H: Y \to \prod_{\alpha \in \Lambda} I_\alpha$，满足 $H(x) = h(x)$, $x \in X$.

令 f 是 X 上的任一有界实值连续映射，因此存在 $\beta \in \Lambda$，使得 $f = f_\beta$. 令 $P_\beta : \prod_{\alpha \in \Lambda} I_\alpha \to I_\beta$ 是投影映射，因此 P_β 是连续映射. 这样 $P_\beta \circ H$ 是 Y 到 I_β 的连续映射且是 f 的连续延拓 (这是因为对任意 $x \in X$，$(P_\beta \circ H)(x) = P_\beta(h(x)) = f_\beta(x) = f(x)$). $\square$

引理 7.26 令 $A \subset X$, $f: A \to Z$ 是 A 到 T_2 空间 Z 的连续映射，如果存在 f 的延拓 $g: \overline{A} \to Z$，则这样的延拓是唯一的.

证明 假若存在两个延拓 $g: \overline{A} \to Z$ 与 $g': \overline{A} \to Z$. 因此存在 $x_0 \in \overline{A}$，使得 $g(x_0) \neq g'(x_0)$，而 Z 是 T_2 空间，因此存在 Z 中的开集 V_1 与 V_2，使得 $g(x_0) \in V_1$, $g'(x_0) \in V_2$ 且 $V_1 \cap V_2 = \varnothing$. 令 $x_1 \in g^{-1}(V_1) \cap g'^{-1}(V_2)$ 且 $x_1 \in A$，则 $g(x_1) = g'(x_1) \in V_1 \cap V_2$，矛盾. $\square$

定理 7.27 令 X 是完全正则空间，Y 是 X 的满足定理 7.25 中的延拓性质的紧化，从 X 到紧 T_2 空间 C 的任一连续映射 $f: X \to C$，都存在唯一的连续延拓 $g: Y \to C$.

证明 唯一性由引理 7.26 可知，下证存在性. C 是紧 T_2 空间，因此 C 是完

7.4 紧　　化

全正则空间，这样从 C 到 $[0,1]$ 的所有连续映射构成的集族 $\{f_\alpha : \alpha \in J\}$ 是分离点及分离点与闭集的. 因此 C 可嵌入到 $[0,1]^J$，不妨令 $C \subset [0,1]^J$. 由于 $f : X \to C$ 连续，且 $C \subset [0,1]^J$，因此 $f : X \to [0,1]^J$ 连续. 令 $f(x) = (f_\alpha(x) : \alpha \in J)$, $x \in X$，其中 $f_\alpha(x) = (P_\alpha \circ f)(x)$，对每个 $\alpha \in J$, P_α 是投影映射，这样 f_α 是 X 上的有界实值连续映射. 因此令 $g_\alpha : Y \to R$ 是 f_α 的连续延拓，且令 $g(y) = (g_\alpha(y) : \alpha \in J)$，则 $g : Y \to [0,1]^J$ 是一映射. 由于每个 g_α 是连续映射，因此 g 是连续的. 对 $y \in X$, $g(y) = (g_\alpha(y) : \alpha \in J) = (f_\alpha(y) : \alpha \in J) = f(y)$，同时 $g(Y) = g(\overline{X}) \subset \overline{g(X)} \subset C$. 因此 $g : Y \to C$，使得 $g(x) = f(x)$, $x \in X$，于是 g 是 f 的连续延拓. □

定理 7.28 X 是完全正则空间，Y_1 与 Y_2 是 X 的紧化，且 X 上的每个有界实值连续函数可以分别连续延拓至 Y_1 与 Y_2，则 Y_1 与 Y_2 是等价的.

证明 $X \subset Y_1$, $\overline{X}^{(Y_1)} = Y_1$, $X \subset Y_2$, $\overline{X}^{(Y_2)} = Y_2$. 令 $j_1 : X \to Y_2$，使得 $j_1(x) = x$，则由定理 7.27 可知，j_1 可以连续延拓至 Y_1，即存在 $f_1 : Y_1 \to Y_2$ 连续，使得 $f_1(x) = j_1(x) = x$, $x \in X$. 令 $j_2 : X \to Y_1$, $j_2(x) = x$，同理 j_2 可以连续延拓到 Y_2，因此有 $f_2 : Y_2 \to Y_1$ 连续，使得 $f_2(x) = j_2(x) = x$, $x \in X$. 复合映射 $f_2 \circ f_1 : Y_1 \to Y_1$，使得 $(f_2 \circ f_1)(x) = x$, $x \in X$. $i : X \to Y_1$，也满足 $i(x) = x$, $x \in X$, $X \subset Y_1$，因此 $(f_2 \circ f_1)$ 是 i 的延拓. 令 $i' : Y_1 \to Y_1$，使得 $i'(y) = y$, $y \in Y_1$，因此 i' 是 i 的延拓. 由引理 7.26 可知 $(f_2 \circ f_1) = i'$，因此 $f_1 : Y_1 \to Y_2$ 是单映射，且 $f_1(Y_1) = f_1(\overline{X}^{(Y_1)}) \subset Y_2$，由于 $f_1(Y_1)$ 是 Y_2 中的紧集，且 $X \subset f_1(Y_1)$，而 $\overline{X}^{(Y_2)} = Y_2$，因此 $\overline{f_1(Y_1)}^{(Y_2)} = Y_2$. Y_2 是 T_2 空间，于是紧集 $f_1(Y_1)$ 是闭集，因此 $f_1(Y_1) = Y_2$. 因此 $f_1 : Y_1 \to Y_2$ 是连续的双映射，且对任一闭集 $F \subset Y_1$, $f_1(F)$ 是 Y_2 中的紧集，因此 $f_1(F)$ 是 Y_2 中的闭集，这样 $f_1 : Y_1 \to Y_2$ 是同胚映射. □

X 是完全正则空间，由定理 7.25 及定理 7.28 可知，X 存在一紧化，使得 X 上的任一有界连续实值函数可以延拓至该紧化，且满足此性质的紧化是唯一的，记该紧化为 βX，称之为 X 的 Stone-Čech 紧化.

下面将研究 Stone-Čech 紧化的性质.

定理 7.29 X 是正规空间，βX 是 X 的 Stone-Čech 紧化. 如果 F_1 与 F_2 是 X 中两不相交的闭集，则 $\overline{F_1}^{(\beta X)} \cap \overline{F_2}^{(\beta X)} = \varnothing$.

证明 由于 X 是正规空间且 F_1 与 F_2 是 X 中两不相交的闭集，因此由引理 6.22 可知，存在连续映射 $f : X \to [0,1]$，使得 $f(F_1) \subset \{0\}$, $f(F_2) \subset \{1\}$. 由定理 7.25 可知，存在 $g : \beta X \to [0,1]$ 使得 $g|X = f$. 这样有 $g(F_1) \subset \{0\}$, $g(F_2) \subset \{1\}$. 令

$U_1 = g^{-1}\left(\left[0, \frac{1}{3}\right]\right)$, $U_2 = g^{-1}\left(\left[\frac{2}{3}, 1\right]\right)$, 则 $F_1 \subset U_1$, $F_2 \subset U_2$, 且 U_1 与 U_2 是 βX 中两不相交的闭集, 因此 $\overline{F_1}^{(\beta X)} \bigcap \overline{F_2}^{(\beta X)} = \varnothing$. □

类似于定理 7.29, 有如下定理:

定理 7.30 X 是完全正则空间, βX 是 X 的 Stone-Čech 紧化. 如果 F_1 与 F_2 是 X 中两个不相交的零集, 则 $\overline{F_1}^{(\beta X)} \bigcap \overline{F_2}^{(\beta X)} = \varnothing$.

证明 由于 F_1 与 F_2 都是零集, 则存在连续映射 $f_1 : X \to [0,1]$ 使得 $F_1 = f_1^{-1}(0)$, 存在连续映射 $f_2 : X \to [0,1]$ 使得 $F_2 = f_2^{-1}(0)$. 由于 $F_1 \bigcap F_2 = \varnothing$, 因此可定义 $g : X \to [0,1]$, 满足 $g(x) = \dfrac{f_1(x)}{f_1(x) + f_2(x)}$. 则当 $x \in F_1$ 时 $g(x) = 0$, $x \in F_2$ 时 $g(x) = 1$. 因此由定理 7.25 可知, 存在 g 的连续扩张 $f : \beta X \to [0,1]$ 使得 $f|X = g$. 这样 $F_1 \subset f^{-1}\left(\left[0, \frac{1}{3}\right]\right)$, $F_2 \subset f^{-1}\left(\left[\frac{2}{3}, 1\right]\right)$. 由于 $f^{-1}\left(\left[0, \frac{1}{3}\right]\right) \bigcap f^{-1}\left(\left[\frac{2}{3}, 1\right]\right) = \varnothing$, 且它们都是 βX 的闭集, 因此 $\overline{F_1}^{(\beta X)} \bigcap \overline{F_2}^{(\beta X)} = \varnothing$. □

引理 7.31 X 是一 T_2 拓扑空间, A 是 X 的稠密子集, Y 是任一拓扑空间. 如果 $f : X \to Y$ 是一连续映射, 使得 $f|A : A \to f(A) \subset Y$ 是一同胚映射, 则 $f(X \backslash A) \bigcap f(A) = \varnothing$.

证明 假若存在 $x \in X \backslash A$ 使得 $f(x) = b \in f(A)$. 不妨设 $X = A \bigcup \{x\}$, 由于 $f|A : A \to f(A)$ 是同胚映射, 因此存在 $a \in A$, 使得 $f(a) = b$. 由于 X 是 T_2 拓扑空间, 因此存在 X 中两个不相交的开集 V_a 与 V_x, 使得 $a \in V_a, x \in V_x$. 由于 $A \backslash V_a$ 是子空间 A 中的闭集, 且 $f|A : A \to f(A)$ 是同胚映射, 因此 $f(A \backslash V_a)$ 是 $f(A)$ 中的闭集且 $b \notin f(A \backslash V_a)$. 由于 $f : X \to f(X) = f(A)$ 是连续映射, 因此 $f^{-1}(f(A \backslash V_a))$ 是 X 中的闭集且 $x \notin f^{-1}(f(A \backslash V_a))$. 令 $O_x = V_x \bigcap (X \backslash f^{-1}(f(A \backslash V_a)))$, 则 O_x 是点 x 在 X 中的开邻域且 $O_x \bigcap A = \varnothing$, 这与 $x \in \overline{A}$ 矛盾. 因此 $f(X \backslash A) \bigcap f(A) = \varnothing$. □

定理 7.32 若 X 是完全正则空间, Y 是 X 的紧化. 则存在连续满映射 $f : \beta X \to Y$, 使得 $f(x) = x, x \in X$, 且 $f^{-1}(Y \backslash X) = \beta X \backslash X$.

证明 令 $i : X \to Y$ 满足 $i(x) = x, x \in X$. 由于 βX 是 X 的 Stone-Čech 紧化, 则由定理 7.27 可知映射 i 存在连续延拓 $f : \beta X \to Y$ 使得 $f|X = i$, 即

7.4 紧化

$f(x) = x, x \in X$. 由于 βX 是紧空间, Y 是 T_2 空间, 因此 $f(\beta X)$ 是 Y 中的闭集. 而 $\overline{X}^{(Y)} = Y$, $X \subset f(\beta X)$, 因此 $\overline{X}^{(Y)} \subset \overline{f(\beta X)}^{(Y)} = f(\beta X)$. 于是 $Y \subset f(\beta X)$, 这样 $Y = f(\beta X)$. 由于 $f|X: X \to f(X) \subset Y$ 是同胚映射, 因此由引理 7.31 可知 $f(\beta X \setminus X) \bigcap f(X) = \varnothing$. 这样 $f^{-1}(Y \setminus X) = \beta X \setminus X$. □

根据上述定理, 也把 X 的 Stone-Čech 紧化称为 X 的极大紧化.

下面来研究一下紧化的应用, 空间 X 的一个紧化, 用 $c(X)$ 来表示. 研究紧化的目的之一就是研究 X 的某些拓扑性质与其紧化剩余 $c(X) \setminus X$ 的拓扑性质间的关系.

引理 7.33 X 是可数紧空间, $F \subset X$ 且 $F = \bigcap\{\overline{V_n} : n \in N\}$, 其中 V_n 是开集且 $F \subset \overline{V_{n+1}} \subset V_n, n \in N$. 则对于 X 中包含 F 的任意开集 U, 存在 $n \in N$, 使得 $F \subset V_n \subset \overline{V_n} \subset U$.

证明 $F \subset U$, U 是 X 中的开集, 假若对每个 $n \in N$, 都有 $\overline{V_n} \bigcap (X \setminus U) \neq \varnothing$, 则 $\{\overline{V_n} \bigcap (X \setminus U) : n \in N\}$ 是 X 中的可数递降的非空闭集列. 由于 X 是可数紧空间, 则 $\bigcap\{\overline{V_n} \bigcap (X \setminus U) : n \in N\} \neq \varnothing$. 令 $x \in \bigcap\{\overline{V_n} \bigcap (X \setminus U) : n \in N\}$, 则 $x \in (\bigcap\{\overline{V_n} : n \in N\}) \bigcap (X \setminus U)$. 因此 $x \in F$ 且 $x \in X \setminus U$, 这与 $F \subset U$ 矛盾. 因此对于 X 中包含 F 的任意开集 U, 存在 $n \in N$, 使得 $F \subset V_n \subset \overline{V_n} \subset U$. □

推论 7.34 若 X 是紧空间, $F \subset X$ 且 $F = \bigcap\{\overline{V_n} : n \in N\}$, 其中 V_n 是开集且 $F \subset \overline{V_{n+1}} \subset V_n, n \in N$. 则对于 X 中包含 F 的任意开集 U, 存在 $n \in N$, 使得 $F \subset V_n \subset \overline{V_n} \subset U$.

X 是一拓扑空间, $F \subset X$, $F = \bigcap\{V_n : n \in N\}$, 任意 $n \in N$, V_n 是 X 中的开集. 对 X 中任一开集 U, 若 $F \subset U$, 都存在 $n \in N$, 使得 $F \subset V_n \subset U$, 则称 $\{V_n : n \in N\}$ 是集合 F 的可数外基.

推论 7.35 若 X 是紧 T_2 空间, F 是 X 的闭 G_δ 集, 则 F 存在可数外基.

证明 已知 $F = \bigcap\{U_n : n \in N\}$, 其中每个 U_n 是 X 中的开集. 由于紧 T_2 空间是正规空间 (参见定理 6.17), 因此对每个 $n \in N$, 存在 X 中的开集 V_n, 使得 $F \subset V_n \subset \overline{V_n} \subset U_n \bigcap V_{n-1}$ $(V_0 = X)$, 这样 $F = \bigcap\{\overline{V_n} : n \in N\}$ 且 $\overline{V_{n+1}} \subset V_n$, $n \in N$. 因此由推论 7.34 可知, $\{V_n : n \in N\}$ 是集合 F 的可数外基. □

引理 7.36 若 $D \subset X$ 是空间 X 的稠密集, V 是 X 中的开集, 则 $\overline{V \bigcap D} = \overline{V}$.

证明 对于任意 $x \in \overline{V}$, 及 X 中含点 x 的任一开集 U, 有 $U \cap V \neq \varnothing$. 由于 $U \cap V$ 是非空开集且 $\overline{D} = X$, 这样 $(U \cap V) \cap D \neq \varnothing$, 即 $U \cap (V \cap D) \neq \varnothing$. 于是 $x \in \overline{V \cap D}$, 即 $\overline{V} \subset \overline{V \cap D}$, 而 $\overline{V \cap D} \subset \overline{V}$, 这样就有 $\overline{V \cap D} = \overline{V}$. □

定理 7.37 若 Y 是 X 的紧化, F 是 X 的紧子集, F 在 X 中存在可数外基, 则 F 在 Y 中存在可数外基.

证明 令 $\{V_n : n \in N\}$ 是 X 中的可数开集族且是 F 在 X 中的外基. 由于 X 是 Y 的子空间, 因此对每个 $n \in N$ 存在 Y 中的开集 U_n 使得 $U_n \cap X = V_n$.

下证 $\{U_n : n \in N\}$ 是集合 F 在 Y 中的可数外基. 对于 Y 中包含 F 的任一开集 U, 由于 Y 是 X 的紧化, 因此 Y 是 T_2 空间, 这样 Y 是正规空间且 F 是 Y 中的闭集, 于是存在 Y 中的开集 O, 使得 $F \subset O \subset \overline{O} \subset U$. 由于 $F \subset O \cap X$ 且 $O \cap X$ 是 X 中的开集, 因此存在 $n \in N$, 使得 $F \subset V_n \subset O \cap X$. 由于 $U_n \cap X = V_n$ 且 $\overline{X} = Y$, 因此由引理 7.36 可知 $\overline{U_n \cap X} = \overline{U_n}$, 因此 $\overline{V_n} = \overline{U_n}$. 由于 $V_n \subset O \cap X$, 这样 $\overline{V_n} \subset \overline{O}$, 就有 $\overline{U_n} \subset \overline{O} \subset U$, 即 $\overline{U_n} \subset U$. 因此 $\{U_n : n \in N\}$ 是集合 F 在 Y 中的可数外基. □

X 是拓扑空间, 若对于空间 X 中的任一紧集 C, 都存在紧集 $F \subset X$ 使得 $C \subset F$ 且 F 存在可数外基, 则称 X 是可数型的拓扑空间. 若把上面的紧集 C 换成单点集则称 X 是点可数型的拓扑空间.

例如每个第一可数空间都是点可数型的. 早在 1958 年, M. Henriksen 与 J. R. Isbell 就研究了完全正则空间 X 的可数型性质与 X 的紧化剩余 $c(X) \backslash X$ 的 Lindelöf 性质间的关系.

定理 7.38 若 X 是完全正则空间, $c(X)$ 是 X 的一个紧化, X 是可数型的当且仅当 $c(X) \backslash X$ 是 Lindelöf 空间.

证明 "⇒" 已知 X 是可数型的. 对于 $c(X)$ 中的开集族 $\mathcal{U}$, $c(X) \backslash X \subset \bigcup \mathcal{U}$, 则 $c(X) \backslash \bigcup \mathcal{U} = F$ 是 $c(X)$ 中的闭集且 $F \subset X$. 不妨设 $F \neq \varnothing$, 因此 F 是紧集. 这样由 X 的可数型性质, 存在 X 中的紧集 F_1, 使得 $F \subset F_1$ 且 F_1 在 X 中具有可数外基. 由定理 7.37 可知 F_1 在 $c(X)$ 中存在可数外基 $\{U_n : n \in N\}$, 因此 $F_1 = \bigcap \{U_n : n \in N\}$, 其中 U_n 是 $c(X)$ 中的开集. 于是 $c(X) \backslash F_1 = \bigcup \{c(X) \backslash U_n : n \in N\} \subset \bigcup \mathcal{U}$.

对于每个 $n \in N$, $c(X) \backslash U_n$ 是紧集, 因此存在 $\mathcal{U}$ 中的有限子族 $\mathcal{U}_n$, 使得 $c(X) \backslash U_n \subset \bigcup \mathcal{U}_n$. 这样 $c(X) \backslash F_1 \subset \bigcup \{\bigcup \mathcal{U}_n : n \in N\} = \bigcup (\bigcup \{\mathcal{U}_n : n \in N\})$.

7.4 紧　　化

$\bigcup\{\mathcal{U}_n : n \in N\} \subset \mathcal{U}$ 且 $|\bigcup\{\mathcal{U}_n : n \in N\}| \leqslant \omega$, 同时 $c(X)\setminus X \subset \bigcup(\bigcup\{\mathcal{U}_n : n \in N\})$, 这样由练习 2.10 可知 $c(X)\setminus X$ 是 Lindelöf 空间.

"$\Leftarrow$" 已知 $c(X)\setminus X$ 是 Lindelöf 空间. 令 F 是 X 中的一个紧集, 对任意的 $x \in c(X)\setminus X$, 由于 $c(X)$ 是 T_2 空间, 且 F 也是 $c(X)$ 中的紧集, 这样 F 是 $c(X)$ 中的闭集, 因此存在 $c(X)$ 中的开集 O_x 与 V_x, 使得 $F \subset V_x, x \in O_x$ 且 $V_x \cap O_x = \varnothing$. 这样 $c(X)\setminus X \subset \bigcup\{O_x : x \in c(X)\setminus X\}$. 由 $c(X)\setminus X$ 的 Lindelöf 性质, 存在 $x_i \in c(X)\setminus X$, $i \in N$, 使得 $c(X)\setminus X \subset \bigcup\{O_{x_i} : i \in N\}$, 这样 $F \subset \bigcap\{V_{x_i} : i \in N\} \subset X$.

由 $c(X)$ 的正规性, 存在 $c(X)$ 中的开集 U_1, 使得 $F \subset U_1 \subset \overline{U_1} \subset V_{x_1}$. 对于 $1 < j \in N$ 及 $i \leqslant j$, 不妨已有 $c(X)$ 中的开集 U_i, 使得 $F \subset U_i \subset \overline{U_i} \subset (\bigcap\{V_{x_m} : m \leqslant i\}) \cap U_{i-1}$. 由 $c(X)$ 的正规性, 存在 $c(X)$ 中的开集 U_{j+1}, 使得 $F \subset U_{j+1} \subset \overline{U_{j+1}} \subset (\bigcap\{V_{x_i} : i \leqslant j+1\}) \cap U_j$. 这样 $F \subset \bigcap\{\overline{U_j} : j \in N\}$. 令 $F_1 = \bigcap\{\overline{U_j} : j \in N\}$, 则 $F \subset F_1$ 且 F_1 是 $c(X)$ 中的紧集, $F_1 \subset X$. 由于 $F_1 \subset \overline{U_{j+1}} \subset U_j$, 且 $F_1 = \bigcap\{\overline{U_j} : j \in N\}$, 由推论 7.34 可知 $\{U_j : j \in N\}$ 是集合 F_1 在 $c(X)$ 中的外基. 这样 $\{U_j \cap X : j \in N\}$ 是集合 F_1 在 X 中的可数外基. 因此 X 是可数型的拓扑空间. □

定理 7.39　X 是完全正则空间, X 是可数型的当且仅当对于 X 的每个紧化 $c(X)$, 都有 $c(X)\setminus X$ 是 Lindelöf 空间.

证明　"$\Rightarrow$" 由定理 7.38 可得.

"$\Leftarrow$" 若 X 的每个紧化的剩余 $c(X)\setminus X$ 都是 Lindelöf 空间, 则对 X 的极大紧化 βX, $\beta X \setminus X$ 是 Lindelöf 空间, 因此由定理 7.38 可得 X 是可数型的. □

对于 X 的紧化 $c(X)$, 什么时候 $c(X)\setminus X$ 具有 Lindelöf 性质呢? 或者 X 在什么情况下是可数型的呢? 下面看几种特殊的情况.

如果完全正则空间 X 是其极大紧化 βX 中的 G_δ 集 (即可数个开集的交), 则称 X 是 Čech 完备的.

因此对于每个 Čech 完备的拓扑空间 X, $\beta X \setminus X$ 是可数个紧集的并 (称之为 σ 紧), 因此 $\beta X \setminus X$ 是 Lindelöf 的, 这样 X 是可数型的.

定理 7.40　如果 X 是 Čech 完备的拓扑空间, 则对 X 的任一紧化 $c(X)$, $c(X)\setminus X$ 也是 σ 紧的.

证明 由定理 7.32 可知存在连续满映射 $f: \beta X \to c(X)$ 使得 $f(x) = x, x \in X$, 且 $f^{-1}(c(X)\backslash X) = \beta X\backslash X$. 这样有 $f(\beta X\backslash X) = c(X)\backslash X$. 由于 X 是 Čech 完备的, 因此 $\beta X\backslash X$ 是 σ 紧的, 这样 $\beta X\backslash X = \bigcup\{F_n : n \in N\}$, 其中 F_n 是紧集, $n \in N$. 令 $g = f|(\beta X\backslash X): \beta X\backslash X \to c(X)\backslash X$, 则 g 是连续满映射. 这样 $g(F_n)$ 是 $c(X)\backslash X$ 中的紧集, 因此 $c(X)\backslash X$ 是 σ 紧的. □

下面有更一般的定理:

定理 7.41 X 是完全正则空间, X 是 Čech 完备的充要条件是 X 存在一紧化 $c(X)$, 使得 $c(X)\backslash X$ 是 σ 紧空间.

证明 "$\Rightarrow$" 由定义可得.

"$\Leftarrow$" 令连续映射 $f: \beta X \to c(X)$ 满足 $f(x) = x, x \in X$, 且 $f^{-1}(c(X)\backslash X) = \beta X\backslash X$. 这样对任意 $y \in c(X)\backslash X$, 有 $f^{-1}(y) \subset \beta X\backslash X$. 由于 $f^{-1}(y)$ 是 βX 中的闭集, 因此 $f^{-1}(y)$ 是紧集. 令 $g = f|(\beta X\backslash X): \beta X\backslash X \to c(X)\backslash X$, 则 g 是连续满映射, 且 $g^{-1}(y)$ 是 $\beta X\backslash X$ 中的紧集, $y \in c(X)\backslash X$.

对于子空间 $\beta X\backslash X$ 中的任一闭集 B, 存在 βX 中的闭集 A, 使得 $B = A \bigcap (\beta X\backslash X)$, 这样 A 是 βX 中的紧集, 于是 $f(A)$ 是 $c(X)$ 中的紧集. 由于紧化 $c(X)$ 是 T_2 空间, 因此 $f(A)$ 是 $c(X)$ 中的闭集, 于是 $f(A) \bigcap (c(X)\backslash X) = g(B)$ 是子空间 $c(X)\backslash X$ 中的闭集, 这样 g 是完备映射. 由已知 $c(X)\backslash X = \bigcup\{F_n : n \in N\}$, F_n 是紧集, $n \in N$. 这样由定理 5.18 可知 $g^{-1}(F_n)$ 是 $\beta X\backslash X$ 中的紧集, $n \in N$. 而 $\beta X\backslash X = \bigcup\{g^{-1}(F_n) : n \in N\}$, 因此 $\beta X\backslash X$ 是 σ 紧的, 这样 X 是 $\beta X\backslash X$ 中的 G_δ 集, 因此 X 是 Čech 完备空间. □

还有什么性质使得 X 是可数型的呢? 有如下定理. 先介绍一个定义.

X 是完全正则空间, 如果对 X 的任一紧化 $c(X)$, 都存在 $c(X)$ 中的开集族序列 $\{\mathcal{U}_n : n \in N\}$ 使得 $X \subset \bigcup \mathcal{U}_n$, $n \in N$, 且对任意 $x \in X$, 都有 $x \in \bigcap\{st(x, \mathcal{U}_n) : n \in N\} \subset X$, 其中 $st(x, \mathcal{U}_n) = \bigcup\{U : x \in U, U \in \mathcal{U}_n\}$, 则称 X 是 p 空间.

对于 p 空间有如下等价命题.

定理 7.42 X 是完全正则空间, X 是 p 空间的充要条件是 X 存在一紧化 $c(X)$, 使得 $c(X)$ 存在开集族序列 $\{\mathcal{U}_n : n \in N\}$, 满足 $X \subset \bigcup \mathcal{U}_n$, $n \in N$, 且对任一 $x \in X$, 有 $\bigcap\{st(x, \mathcal{U}_n) : n \in N\} \subset X$.

7.4 紧化

证明 "⇒" 显然.

"⇐" 令 $f : \beta X \to c(X)$ 是连续的满映射, 满足 $f(x) = x$, $x \in X$, 且 $f^{-1}(c(X)\backslash X) = \beta X\backslash X$. 令 $\mathcal{V}_n = \{f^{-1}(U) : U \in \mathcal{U}_n\}$. 由 f 的连续性可知 $\mathcal{V}_n$ 是 βX 中的开集族且 $X \subset \bigcup \mathcal{V}_n$. 对任一 $x \in X$, 对任一 $y \in \bigcap\{st(x, \mathcal{V}_n) : n \in N\}$, 则 $f(y) \in \bigcap\{st(x, \mathcal{U}_n) : n \in N\} \subset X$, 这样 $y \in X$, 于是 $\bigcap\{st(x, \mathcal{V}_n) : n \in N\} \subset X$.

对于 X 的任一紧化 $c_1(X)$, 由定理 7.32 可知, 存在连续映射 $g : \beta X \to c_1(X)$ 满足 $g(x) = x$, $x \in X$, 且 $g^{-1}(c_1(X)\backslash X) = \beta X\backslash X$. 对任一 $n \in N$, 及任一 $V \in \mathcal{V}_n$, 由于 g 是闭映射 (参见定理 6.39), 因此 $c_1(X)\backslash g(\beta X\backslash V)$ 是 $c_1(X)$ 中的开集.

令 $\mathcal{U}_n^* = \{c_1(X)\backslash g(\beta X\backslash V) : V \in \mathcal{V}_n\}$, 则 $\mathcal{U}_n^*$ 是 $c_1(X)$ 中的开集族. 对任一 $y \in c_1(X)$, 若 $g^{-1}(y) \subset V$, 其中 V 是 βX 中的开集, 则有 $y \in c_1(X)\backslash g(\beta X\backslash V)$. 由于对任一 $x \in X$, $g^{-1}(x) = x$, 且 $X \subset \bigcup \mathcal{V}_n$, 因此有 $X \subset \bigcup \mathcal{U}_n^*$. 对任一 $x \in X$ 及 $n \in N$, 若 $y \in st(x, \mathcal{U}_n^*)$, 则存在 $U_n^* \in \mathcal{U}_n^*$, 使得 $x \in U_n^*$, $y \in U_n^*$, 这样存在 $V_n \in \mathcal{V}_n$, 使得 $U_n^* = c_1(X)\backslash g(\beta X\backslash V_n)$, 因此 $g^{-1}(U_n^*) \subset V_n$, 这样 $g^{-1}(y) \subset V_n$, 因此 $g^{-1}(y) \subset \bigcap\{st(x, \mathcal{V}_n) : n \in N\} \subset X$, 这样 $y \in X$, 因此有 $\bigcap\{st(x, \mathcal{U}_n^*) : n \in N\} \subset X$. □

对于完全正则 p 空间 X 的任一紧化 $c(X)$, 也可以得出 $c(X)\backslash X$ 是 Lindelöf 空间. 为此只需证明 X 是可数型的. 早在 1970 年, A. V. Arhangel'skii 就得到过如下定理:

定理 7.43 每个 p 空间是可数型的拓扑空间.

证明 令 $c(X)$ 是 X 的一个紧化且存在 $c(X)$ 的开集族序列 $\{\mathcal{U}_n : n \in N\}$, 使得 $\bigcap\{st(x, \mathcal{U}_n) : n \in N\} \subset X$, $x \in X$. 令 F 是 X 的任一紧集. 由于 $c(X)$ 是紧 T_2 空间, 因此 $c(X)$ 是正则空间. 由 F 的紧性及 $c(X)$ 的正则性, 存在开集 O_{1i} 及 $U_{1i} \in \mathcal{U}_1$, 使得 $O_{1i} \subset \overline{O_{1i}} \subset U_{1i}$, $i \leqslant n_1$, $F \subset \bigcup\{O_{1i} : i \leqslant n_1\}$, 且 $O_{1i} \bigcap F \neq \varnothing$, $i \leqslant n_1$. 对于 $m \in N$, 及 $j \leqslant m$, 已有开集 O_{ji} 使得 $O_{ji} \subset \overline{O_{ji}} \subset U_{ji}$, $U_{ji} \in \mathcal{U}_j$, $i \leqslant n_j$. 同时对每个 $i \leqslant n_j$, $F \bigcap O_{ji} \neq \varnothing$ 且存在 $O_{(j-1)k}$, 使得 $O_{ji} \subset \overline{O_{ji}} \subset O_{(j-1)k}$, 其中 $k \leqslant n_{j-1}$. 由于 $F \subset \bigcup\{O_{mi} \bigcap U : i \leqslant n_m, U \in \mathcal{U}_{m+1}\}$, 因此对任一 $x \in F$, 存在开集 O_x, 某个 $i \leqslant n_m$ 及 $U_x \in \mathcal{U}_{m+1}$ 使得 $x \in O_x \subset \overline{O_x} \subset O_{mi} \bigcap U_x$.

由 F 的紧性可知, 存在开集 $O_{(m+1)i}$, $i \leqslant n_{m+1}$, 使得 $F \subset \bigcup\{O_{(m+1)i} : i \leqslant n_{m+1}\}$, 且对每个 $i \leqslant n_{m+1}$, 存在某个 $k_i \leqslant n_m$, 及某个 $U_{(m+1)i} \in \mathcal{U}_{m+1}$, 使得

$O_{(m+1)i} \subset \overline{O_{(m+1)i}} \subset U_{(m+1)i} \bigcap O_{mk_i}$. 不妨设 $F \bigcap O_{(m+1)i} \neq \varnothing, i \leqslant n_{m+1}$. 令 $F_1 = \bigcap \{\bigcup \{O_{mi} : i \leqslant n_m\} : m \in N\}$. 由于 $\overline{\bigcup \{O_{(m+1)i} : i \leqslant n_{m+1}\}} \subset \bigcup \{O_{mi} : i \leqslant n_m\}$, 因此 F_1 是 $c(X)$ 中的闭集, 且由推论 7.34 可知 F_1 在 $c(X)$ 中存在可数外基.

下面只需证明 $F_1 \subset X$. 任取 $z \in F_1$, 要证 $z \in X$. 对于 $m \in N$, 存在 $i_m \leqslant n_m$, 使得 $z \in O_{mi_m}$. 由于 n_m 是有限的, 满足上述条件的 O_{mi_m} 也是有限个. 对于 $j > m$, 存在某个 i_m 及 O_{ji_j}, 使得 $\overline{O_{ji_j}} \subset O_{mi_m}$. 因此对每个 $m \in N$, 只取定一个 i_m, 使其满足:

(1) $z \in O_{mi_m} \subset \overline{O_{mi_m}} \subset O_{(m-1)i_{m-1}}, m - 1 \geqslant 1$;

(2) $|\{j : j > m \text{ 且存在 } k_j \leqslant n_j \text{ 使得 } z \in O_{jk_j} \subset \overline{O_{jk_j}} \subset O_{mi_m}\}| = \omega$.

如此得到的 i_m 及 O_{mi_m} 具有性质: $z \in O_{(m+1)i_{m+1}} \subset \overline{O_{(m+1)i_{m+1}}} \subset O_{mi_m}$, 且 $F \bigcap O_{mi_m} \neq \varnothing$. 取 $U_m \in \mathcal{U}_m$ 使得 $O_{mi_m} \subset U_m$. 由于 $\{F \bigcap \overline{O_{mi_m}} : m \in N\}$ 是可数递降的非空闭集列且 F 是紧集. 因此存在 $x \in \bigcap \{F \bigcap \overline{O_{mi_m}} : m \in N\}$, 这样 $x \in st(x, \mathcal{U}_m)$. 由于 $z \in O_{mi_m} \subset U_m$, 因此 $z \in st(x, \mathcal{U}_m)$, 这样 $z \in \bigcap \{st(x, \mathcal{U}_m) : m \in N\} \subset X$, 因此 $z \in X$, 于是 $F_1 \subset X$. F_1 是紧集且 F_1 在 $c(X)$ 中存在可数外基, 因此在 X 中也有可数外基, 这样 X 是可数型的拓扑空间. □

由定理 7.39 及定理 7.43, 有如下定理:

定理 7.44 X 是 p 空间, 则对 X 的每个紧化 $c(X), c(X) \backslash X$ 都是 Lindelöf 空间.

关于 Čech 完备空间, 还有如下定理:

定理 7.45 如果 X_n 是 Čech 完备空间, $n \in N$, 则 $\prod_{n \in N} X_n$ 也是 Čech 完备空间.

证明 令 βX_n 是 X_n 的极大紧化, 则 $\prod_{n \in N} \beta X_n$ 是紧空间, 且 $X = \prod_{n \in N} X_n \subset \prod_{n \in N} \beta X_n$, 同时 $\overline{X} = \prod_{n \in N} \beta X_n$. 这样 $\prod_{n \in N} \beta X_n$ 是紧 T_2 空间, 且 X 是其稠密集, 因此 $\prod_{n \in N} \beta X_n$ 是 X 的一个紧化. 由定理 7.41 可知, 只需证 $\left(\prod_{n \in N} \beta X_n\right) \backslash X$ 是 σ 紧的.

对每个 $n \in N$, $\beta X_n \backslash X_n = \bigcup \{F_{nm} : m \in N\}$, 其中 F_{nm} 是 βX_n 中的紧子集, 因此 $\left(\prod_{n\in N} \beta X_n\right) \backslash X = \bigcup \left\{F_{nm} \times \prod_{k \in N\backslash\{n\}} \beta X_k : m \in N, n \in N\right\}$. 对 $n \in N, m \in N$, $F_{nm} \times \prod_{k \in N\backslash\{n\}} \beta X_k$ 是紧集, 因此 $\left(\prod_{n\in N} \beta X_n\right) \backslash X$ 是 σ 紧的. $\square$

关于空间 X 与其紧化剩余 $c(X)\backslash X$ 间性质的关系还有很多. 本书不过多叙述, 但有必要提一下 A. V. Arhangel'skii 教授在 2008 年得出的一个非常有用的结论, 感兴趣的读者可查阅 A. V. Arhangel'skii 的相关文献. 下面简要介绍一下 A. V. Arhangel'skii 教授在 2008 年得出的这个结论.

G 是一个群, 如果在 G 上有一个拓扑结构, 使得群 G 的乘法运算与求逆运算在该拓扑结构下都连续, 则称 G 是拓扑群.

定理 7.46 如果 G 是拓扑群, bG 是 G 的一个紧化, 则 $bG\backslash G$ 是 Lindelöf 空间或是伪紧空间.

关于伪紧空间的定义及性质可见下一节.

7.5 伪 紧 空 间

由于 R 及其每个子空间都是正则 Lindelöf 空间, 因此 R 是遗传仿紧空间, 因此由定理 7.19 可知, R 中的每个可数紧子集都是紧集, 因此是有界闭集. 这样若 X 是可数紧空间, $f : X \to R$ 连续, 则 $f(X)$ 是 R 的可数紧子集, 于是 $f(X)$ 是 R 中的有界闭集. 称这样的映射 f 是有界的映射, 即存在 $a > 0$, 使得 $|f(x)| \leqslant a, x \in X$.

因此, 本节将研究这样的拓扑空间 —— 其上的每个实值连续映射都是有界的.

定义 7.47 若 X 是完全正则空间且定义在 X 上的每个实值连续函数都是有界的, 则称 X 是伪紧空间.

由前面的分析及伪紧的定义可知:

定理 7.48 每个可数紧完全正则空间是伪紧空间.

对于正规空间, 上述定理的逆也成立.

定理 7.49　每个正规的伪紧空间 X 是可数紧空间.

证明　假若 X 不是可数紧空间, 则由定理 7.14 可知, 存在闭离散子集 $F \subset X$ 使得 $|F| \geqslant \omega$. 不妨令 $F = \{x_n : n \in N\}$ 满足当 $n \neq m$ 时 $x_n \neq x_m$, 且令 $f : F \to R$ 满足 $f(x_n) = n, n \in N$. 则 f 是 F 上的连续函数. 由于 F 是 X 中闭集且 X 是正规空间, 因此由定理 6.33 可知存在 $g : X \to R$ 使得 $g|F = f$. 因此 g 不是有界的, 这与 X 的伪紧性矛盾. 于是 X 是可数紧空间. □

仿紧空间是用每个开覆盖的局部有限开加细来刻画的, 下面也用局部有限开集族刻画伪紧空间.

定理 7.50　对每个完全正则空间 X, 则下述条件等价:

(1) X 是伪紧空间;
(2) X 中每个局部有限的非空开集族是有限的;
(3) 若 $\mathcal{U}$ 是 X 的一个由非空开集构成的局部有限覆盖, 则 $|\mathcal{U}| < \omega$;
(4) X 的每个局部有限开覆盖有有限子覆盖.

证明　"(1) $\Rightarrow$ (2)" 令 $\mathcal{U}$ 是 X 的由非空开集构成的局部有限集族, 假若 $|\mathcal{U}| \geqslant \omega$, 不妨设 $|\mathcal{U}| = \omega$ 且 $\mathcal{U} = \{U_n : n \in N\}$. 对于 $n \in N$, 取 $x_n \in U_n$, 由于 X 是完全正则空间, 存在连续映射 $f_n : X \to [0, n]$, 使得 $f_n(x_n) = n, f_n(X \setminus U_n) \subset \{0\}$. 由于 $\{U_n : n \in N\}$ 是局部有限的, 因此对任意 $x \in X$, 存在开集 O_x 使得 $x \in O_x$, 且 O_x 只与 $\mathcal{U}$ 中有限个元相交. 若 $O_x \cap U_m = \varnothing$, 则 $f_m(y) = 0, y \in O_x$, 因此若定义 $f(x) = \sum_{n=1}^{\infty} |f_n(x)|$, 则在 O_x 上 $f(x)$ 是有限个连续函数作和, 因此 f 在 O_x 连续即在点 x 连续. 因此 $f : X \to R$ 连续. 但是 f 是无界函数, 这与 X 的伪紧性质矛盾. 因此 $|\mathcal{U}| < \omega$.

"(2) $\Rightarrow$ (3)" 与 "(3) $\Rightarrow$ (4)" 都是显然的.

下证 "(4) $\Rightarrow$ (1)".

假若存在 $f : X \to R$ 是无界的. 由于 $\mathcal{U} = \{(n, n+2) : n \in Z\}$ 是 R 的局部有限开覆盖 (其中 Z 是整数集), 对任意 $x \in X$, $f(x) \in R$, 因此存在 $\varepsilon > 0$, 使得 $(f(x) - \varepsilon, f(x) + \varepsilon)$ 只与 $\mathcal{U}$ 有限个元相交. 由 f 的连续性, 存在 X 中含点 x 的开集 O_x, 使得 $x \in O_x$ 且 $f(O_x) \subset (f(x) - \varepsilon, f(x) + \varepsilon)$. 因此 O_x 只与 $\{f^{-1}(U) : U \in \mathcal{U}\}$

7.5 伪紧空间

中有限个元相交. 这样 $\{f^{-1}((n,n+2)) : n \in Z\}$ 是 X 的局部有限开覆盖. 于是由 (4) 可知: 存在 $m \in N$ 使得 $X = \bigcup\{f^{-1}((n_i, n_i+2)) : i \leqslant m\}$. 于是 $f(x)$ 是有界的, 这与 f 无界矛盾. 因此 X 是伪紧空间. □

定理 7.51 X 是完全正则空间, 则下述条件等价:

(1) X 是伪紧空间;

(2) 对于 X 中的每个非空递降开集列 $\{W_n : n \in N\}$, 有 $\bigcap\{\overline{W_n} : n \in N\} \neq \varnothing$;

(3) 对于 X 中每个具有有限交性质的可数开集族 $\{V_n : n \in N\}$, 有 $\bigcap\{\overline{V_n} : n \in N\} \neq \varnothing$.

证明 "(1) ⇒ (2)" X 是伪紧空间, 不妨设 $\{W_n : n \in N\}$ 是 X 中的非空递降的开集列, 由定理 7.50 可知, $\{W_n : n \in N\}$ 不是局部有限的. 因此存在 $x \in X$, 使得对于含点 x 的任一开集 O_x, O_x 都与无限多个 W_n 相交, 由于 $\{W_n : n \in N\}$ 是递降的, 因此 $x \in \bigcap\{\overline{W_n} : n \in N\}$.

"(2) ⇒ (3)" 由于 $\{V_n : n \in N\}$ 具有有限交性质, 令 $W_n = \bigcap_{i=1}^{n} V_i$, 则 $W_{n+1} \subset W_n, n \in N$. 于是由已知存在 $x \in X$ 使得 $x \in \bigcap\{\overline{W_n} : n \in N\} \subset \bigcap\{\overline{V_n} : n \in N\}$.

"(3) ⇒ (1)" 假若存在 $f : X \to R$ 是无界的, 不妨设 $f(x) \geqslant 0$, 则 $V_i = \{x : f(x) > i\}$ 是 X 中的开集且 $\{V_i : i \in N\}$ 具有有限交性质, 由 (3) 可知存在 $x \in \bigcap\{\overline{V_i} : i \in N\}$, 这样 $f(x) \geqslant i, i \in N$, 矛盾. 因此 X 是伪紧空间. □

定理 7.52 如果 X 是伪紧空间, Y 是完全正则空间且 $f : X \to Y$ 是连续满映射, 则 Y 是伪紧空间.

证明 令 $g : Y \to R$ 是连续映射, 则 $g \circ f : X \to R$ 连续. 由于 X 是伪紧空间, 因此 $g \circ f(X) = g(f(X)) = g(Y)$ 有界, 这样 Y 是伪紧空间. □

定理 7.53 若 X 是完全正则空间, $X = \overline{Y}$ 且 Y 是伪紧空间, 则 X 也是伪紧空间.

证明 令 $\mathcal{U}$ 是 X 的局部有限开集族, 且对每个 $U \in \mathcal{U}$, $U \neq \varnothing$. 则 $\mathcal{V} = \{U \bigcap Y : U \in \mathcal{U}\}$ 是 Y 的局部有限开集族. 由于 Y 的伪紧性, 因此由定理 7.50 可知 $\mathcal{V}$ 是有限的. 由于 $\overline{Y} = X$, 假若 $|\mathcal{U}| \geqslant \omega$, 由于 $|\mathcal{V}| < \omega$, 则存在 $\mathcal{U}_1 \subset \mathcal{U}, |\mathcal{U}_1| \geqslant \omega$, 使得对于任意 $U_1 \in \mathcal{U}_1, U_2 \in \mathcal{U}_1$ 都有 $U_1 \bigcap Y = U_2 \bigcap Y \neq \varnothing$. 这与 $\mathcal{U}$ 的局部有限性质矛盾. 所以 $|\mathcal{U}| < \omega$. 因此由定理 7.50 可知 X 是伪紧空间. □

定理 7.54 X 是完全正则空间,如果 X 不是伪紧空间,则存在连续映射 $f : \beta X \to [0,1]$ 使得 $f^{-1}(0) \neq \varnothing$ 且 $f^{-1}(0) \subset \beta X \backslash X$,其中的 βX 是 X 的极大紧化.

证明 由于 X 不是伪紧空间,因此存在一个无界连续映射 $g_1 : X \to R$. 令 $g_2 = |g_1|$,则 $g_2 : X \to R$ 仍是无界的. 令 $g_3 : X \to R$ 满足 $g_3(x) = \max\{1, g_2(x)\}$, $x \in X$,则 $g_3(x) \geqslant 1$ 且 g_3 是无界的. 令 $g_4 : X \to R$ 满足 $g_4(x) = \dfrac{1}{g_3(x)}$,则 g_4 连续且 $g_4(x) \in (0,1]$, $x \in X$. 由于 $[0,1]$ 是紧的,因此由定理 7.27 可知, g_4 存在连续延拓 $f : \beta X \to [0,1]$ 使得 $f|X = g_4$. 由于 $g_4(x) \neq 0$, $x \in X$,因此 $f^{-1}(0) \subset \beta X \backslash X$.

下证 $f^{-1}(0) \neq \varnothing$. 假若 $f^{-1}(0) = \varnothing$,则 $f : \beta X \to (0,1]$. 由于 $f|X = g_4$,且对每个 $n \in N$,存在 $x_n \in X$,使得 $g_4(x_n) < \dfrac{1}{n}$. 因此 $f(x_n) < \dfrac{1}{n}$,这样 $\dfrac{1}{f(x_n)} > n$. 令 $f_1 = \dfrac{1}{f}$,则 $f_1 : \beta X \to R$ 是无界连续映射. 由于 βX 是紧的,因此 $f_1(\beta X)$ 是 R 中有界集,这与 f_1 是无界的矛盾. 因此 $f^{-1}(0) \neq \varnothing$ 且 $f^{-1}(0) \subset \beta X \backslash X$. $\square$

定理 7.55 X 是完全正则空间且 X 不是伪紧的,则存在 $\beta X \backslash X$ 中的紧集 C,使得 C 在 βX 中存在可数外基,其中的 βX 是 X 的极大紧化.

证明 由于 X 不是伪紧空间,则存在连续映射 $f : \beta X \to [0,1]$,使得 $f^{-1}(0) \neq \varnothing$ 且 $f^{-1}(0) \subset \beta X \backslash X$,由于 $f^{-1}(0)$ 是 βX 中的闭集,因此 $f^{-1}(0)$ 是 βX 中的紧集. 令 $C = f^{-1}(0)$,由于点 0 在 $[0,1]$ 中存在可数开邻域基 $\left\{ \left[0, \dfrac{1}{2^n}\right) : n \in N \right\}$. 下证 $\left\{ f^{-1}\left(\left[0, \dfrac{1}{2^n}\right)\right) : n \in N \right\}$ 是 C 在 βX 中的外基. 对于 βX 中包含 C 的任一开集 V,则 $f^{-1}(0) \subset V$,因此 $\beta X \backslash V$ 是 βX 中紧集. 这样 $f(\beta X \backslash V)$ 是 $[0,1]$ 中的闭集且 $0 \notin f(\beta X \backslash V)$,因此存在 $n \in N$,使得 $\left[0, \dfrac{1}{2^n}\right) \cap f(\beta X \backslash V) = \varnothing$. 于是 $f^{-1}\left(\left[0, \dfrac{1}{2^n}\right)\right) \cap (\beta X \backslash V) = \varnothing$,即 $f^{-1}\left(\left[0, \dfrac{1}{2^n}\right)\right) \subset V$. 这样 C 存在可数外基. $\square$

练 习

7.1 X 与 Y 都是局部紧空间,证明 $X \times Y$ 是局部紧空间.

7.2 证明可数紧空间的闭子空间是可数紧空间.

7.3 设 X 是可数紧 T_1 空间, Y 是第一可数空间,证明投影映射 $f : X \times Y \to Y$ 是闭映射.

练　习

7.4　若 X 是仿紧 T_2 空间，Y 是紧空间，证明 $X \times Y$ 是仿紧空间.

7.5　证明正则空间 X 是可数紧空间当且仅当每个点有限开覆盖具有有限子覆盖 ($\mathcal{U}$ 是 X 的开覆盖，若对任意 $x \in X$，都有 $|\{U : x \in U, U \in \mathcal{U}\}| < \omega$，则称 $\mathcal{U}$ 是 X 的点有限开覆盖).

7.6　R 是实数直线，拓扑是通常拓扑，用定义证明 R 及 R^2 是仿紧空间.

7.7　证明每个序数在序拓扑下是局部紧空间.

7.8　证明 Sorgenfrey 直线中的每个紧子集是可数集.

7.9　证明 ω_1 在序拓扑下是可数紧空间.

7.10　X 是 T_1 空间且 X 是可数个紧集的并. 如果对每个 $x \in X$，给定点 x 的一个开邻域 $\phi(x)$，证明在 X 中存在可数闭离散集 D，使得 $X = \bigcup \{\phi(d) : d \in D\}$.

第8章 度量空间

第 2 章研究了几种生成拓扑的方式,本章要给出另外一种经常用到的生成拓扑的方式,就是给出 X 上的度量,通过度量来得到拓扑,这样得到的拓扑空间称为度量空间.

8.1 基本性质

对于实直线 R 上的两点 x 与 y,可定义 $\rho(x,y) = |x-y|$,则 $\rho(x,y)$ 满足:

(1) $\rho(x,y) = 0$ 当且仅当 $x = y$;

(2) $\rho(x,y) = \rho(y,x)$; (3) $\rho(x,y) \leqslant \rho(x,z) + \rho(z,y)$, $z \in R$.

如果 X 是一集,$\rho: X \times X \to R^+ = \{x : x \in R \text{ 且 } x \geqslant 0\}$ 满足:

(M1) $\rho(x,y) = 0$ 当且仅当 $x = y$;

(M2) 对 $x \in X, y \in X$,有 $\rho(x,y) = \rho(y,x)$;

(M3) $\rho(x,y) \leqslant \rho(x,z) + \rho(z,y)$,对所有 $x,y,z \in X$ 成立.

则称 ρ 是 X 上的度量,其中 $\rho(x,y)$ 称为两点 x 与 y 间的距离. 如果把上述 (M1) 改为:

(M1') 对任意 $x \in X$,都有 $\rho(x,x) = 0$,则称满足 (M1')、(M2) 及 (M3) 性质的 ρ 为 X 的伪度量.

如果 ρ 是 X 上的度量,任一 $x \in X$ 及 $\varepsilon > 0$,令 $B(x,\varepsilon) = \{y : y \in X, \rho(x,y) < \varepsilon\}$,则称 $B(x,\varepsilon)$ 是 X 中以 x 为中心,以 ε 为半径的开球. 因此对 $n \in N$, $B\left(x, \dfrac{1}{n}\right) = \left\{y : y \in X, \rho(x,y) < \dfrac{1}{n}\right\}$. 对 $n \in N$ 及任一 $y \in B\left(x, \dfrac{1}{n}\right)$,若 $r = \rho(x,y)$,则 $r < \dfrac{1}{n}$,如果令 $r_1 = \dfrac{1}{n} - r$,则由 (M3) 可知 $B(y, r_1) \subset B\left(x, \dfrac{1}{n}\right)$. 因此对任一 $y \in B\left(x, \dfrac{1}{n}\right)$,存在 $m > 0$,使得 $B\left(y, \dfrac{1}{m}\right) \subset B\left(x, \dfrac{1}{n}\right)$.

因此对于点 $x \in X$, 若 $\mathcal{B}(x) = \left\{ B\left(x, \dfrac{1}{n}\right) : n \in N \right\}$, 则 $\mathcal{B}(x)$ 可作为点 x 在某拓扑下的开邻域基.

令 $\mathcal{T}_\rho = \left\{ U : U \subset X, \text{对任一 } x \in U, \text{存在 } n \in N, \text{使得 } B\left(x, \dfrac{1}{n}\right) \subset U \right\}$. 则 $\mathcal{T}_\rho$ 是 X 的拓扑, 称 $\mathcal{T}_\rho$ 是 X 的由 ρ 诱导出的拓扑. 如果 X 的拓扑是由某度量 ρ 诱导出的, 则称 X 是度量空间, 一般记为 (X, ρ). 对任意 $x \in X$ 及任意 $\varepsilon > 0$, 如果 $y \in B(x, \varepsilon)$, 则只需令 $r = \varepsilon - \rho(x, y)$, 就有 $y \in B(y, r) \subset B(x, \varepsilon)$, 这样当 $\dfrac{1}{n} < r$ 时就有 $B\left(y, \dfrac{1}{n}\right) \subset B(y, r) \subset B(x, \varepsilon)$, 因此 $B(x, \varepsilon)$ 是开集.

由上述可知, 每一度量空间都是第一可数空间, 但每一度量空间 (X, ρ) 不一定是第二可数空间.

例 8.1 X 是一集, $|X| \geqslant \omega_1$, $\rho : X \times X \to R^+$, 使得 $\rho(x, x) = 0$, 若 $x \neq y$, 则 $\rho(x, y) = 1$. 于是 ρ 满足 (M1)、(M2) 及 (M3). 对任意 $x \in X$, $B\left(x, \dfrac{1}{2}\right) = \{x\}$, 因此 (X, ρ) 是离散拓扑空间. 由于 $|X| \geqslant \omega_1$, 因此 X 不是第二可数空间. □

定理 8.2 (X, ρ) 是度量空间, A 是 X 的子空间, 则 A 也是度量空间.

证明   令 $\rho_1 : A \times A \to R^+$, 使得对 $x \in A$, $y \in A$, $\rho_1(x, y) = \rho(x, y)$. 则 ρ_1 是 A 上的度量, 且易知 (A, ρ_1) 由 ρ_1 诱导出的拓扑与 A 作为 X 的子空间拓扑一致. □

下面将首先研究度量空间的分离性.

对于度量空间 (X, ρ) 中的两不同点 x 与 y, 令 $\rho(x, y) = r$, 则 $r \neq 0$, 这样 $B\left(x, \dfrac{r}{2}\right) \bigcap B\left(y, \dfrac{r}{2}\right) = \varnothing$, 因此 (X, ρ) 是 T_2 空间.

定义 8.3 (X, ρ) 是度量空间, $A \subset X$, $x \in X$, 令 $\rho(x, A) = \inf\{\rho(x, y) : y \in A\}$, 称 $\rho(x, A)$ 为点 x 与集 A 的距离. 若 $A = \varnothing$, 则规定 $\rho(x, A) = 1$.

若 $A \subset X$, $B \subset X$, 则定义 $\rho(A, B) = \inf\{\rho(a, b) : a \in A, b \in B\}$; 若 $A = \varnothing$ 或 $B = \varnothing$, 则规定 $\rho(A, B) = 1$.

定理 8.4 (X, ρ) 是度量空间, $A \subset X$ 是 X 中的闭集, 若 $x \notin A$, 则 $\rho(x, A) > 0$.

证明 A 是 X 中的闭集，因此 $X\setminus A$ 是 X 中的开集. 由于 $x \in X\setminus A$，于是存在 $n \in N$，使得 $x \in B\left(x, \dfrac{1}{n}\right) \subset X\setminus A$，因此 $\rho(x, A) \geqslant \dfrac{1}{n} > 0$. □

定理 8.5 (X, ρ) 是度量空间，$A \subset X$ 是 X 中的闭集，则 A 是 X 中的 G_δ 集.

证明 令 $G_n = \bigcup \left\{ B\left(x, \dfrac{1}{n}\right) : x \in A \right\}$，则 $A \subset G_n$ 且 G_n 是开集. 如果 $x \notin A$，则存在 n，使得 $\rho(x, A) \geqslant \dfrac{1}{n}$，因此对任一 $y \in A$，$x \notin B\left(y, \dfrac{1}{n}\right)$，因此 $x \notin G_n$，于是 $A = \bigcap \{G_n : n \in N\}$. □

引理 8.6 (X, ρ) 是度量空间，$A \subset X$，$x \in X$，$y \in X$，则 $|\rho(x, A) - \rho(y, A)| \leqslant \rho(x, y)$.

证明 对每个 $a \in A$，有 $\rho(x, a) \leqslant \rho(a, y) + \rho(x, y)$，于是有 $\rho(x, A) \leqslant \rho(a, y) + \rho(x, y)$，因此有 $\rho(x, A) \leqslant \rho(y, A) + \rho(x, y)$. 于是有

$$\rho(x, A) - \rho(y, A) \leqslant \rho(x, y), \tag{1}$$

同理也有

$$\rho(y, A) - \rho(x, A) \leqslant \rho(x, y), \tag{2}$$

由 (1), (2) 知 $|\rho(x, A) - \rho(y, A)| \leqslant \rho(x, y)$. □

定理 8.7 (X, ρ) 是度量空间，$A \subset X$，对每个点 $x \in X$，若令 $g(x) = \rho(x, A)$，则 $g: X \to R$ 是一连续映射.

证明 对任一 $x \in X$ 和任一 $\varepsilon > 0$，当 $\rho(x, y) < \varepsilon$ 时，有 $|\rho(x, A) - \rho(y, A)| \leqslant \rho(x, y) < \varepsilon$ (根据引理 8.6). 于是对任一 $\varepsilon > 0$，存在 $\delta = \varepsilon$，当 $y \in B(x, \delta)$ 时，有 $|g(x) - g(y)| = |\rho(x, A) - \rho(y, A)| \leqslant \rho(x, y) < \varepsilon$，因此 $g(B(x, \delta)) \subset (g(x) - \varepsilon, g(x) + \varepsilon)$，这样 g 是连续映射. □

定理 8.8 (X, ρ) 是度量空间，则 X 是正规空间.

证明 令 A 与 B 是 X 中两不相交的闭集，令 $f: X \to [0, 1]$，使得 $f(x) = \dfrac{\rho(x, A)}{\rho(x, A) + \rho(x, B)}$，则当 $x \in A$ 时，$f(x) = 0$；当 $x \in B$ 时，$f(x) = 1$. 由定理 8.7 可知 $f_1(x) = \rho(x, A)$ 与 $f_2(x) = \rho(x, B)$ 是连续映射，因此 f 是连续映射，这样 X 是正规空间 (前面已分析，X 是 T_1 空间). □

定理 8.9 每个度量空间是完全正规空间.

证明 该定理由定理 8.5、定理 8.8 及定理 6.24 可得. □

需要注意的是:在度量空间中的两不相交的闭集 A 与 B,$\rho(A,B)$ 可能是零.

例 8.10 $X = R^2$,$P_1 = (x_1, y_1)$ 与 $P_2 = (x_2, y_2)$ 是 X 中的两点,令 $\rho(P_1, P_2) = \sqrt{(x_2-x_1)^2 + (y_2-y_1)^2}$. 对于集 $A = \{(x,0) : x \geqslant 0\}$ 与集 $B = \left\{\left(x, \dfrac{1}{x}\right) : x > 0\right\}$,$A$ 与 B 是 X 中两不相交的闭集,但 $\rho(A,B) = 0$. □

定理 8.11 (X, ρ) 是度量空间,$A \subset X$ 是 X 中的紧集,$B \subset X$ 是 X 中的闭集,且 $A \bigcap B = \varnothing$,则 $\rho(A, B) > 0$.

证明 令 $g : X \to R$,满足 $g(x) = \rho(x, B)$,由定理 8.7 可知 g 是连续映射,因此 $g(A)$ 是 R 中的紧集. 这样 $g(A)$ 是 R 中的有界闭集,若 c 是 $g(A)$ 在 R 中的下确界,则 $c \in g(A)$. 由于 $g(A) \subset \{x : x > 0\}$,因此 $c > 0$. 这样存在 $x_0 \in A$,使得 $g(x_0) = c > 0$,于是 $\rho(A, B) = g(x_0) > 0$. 这是因为对于任意 $a \in A, b \in B$,都有 $\rho(a, B) \leqslant \rho(a, b)$,而 $g(x_0) = \rho(x_0, B) \leqslant \rho(a, B) = g(a)$. 因此有 $g(x_0) \leqslant \rho(a, b)$,这样 $g(x_0)$ 是 $\{\rho(a, b) : a \in A, b \in B\}$ 的下界. 对任意 $\varepsilon > 0$,由于 $g(x_0) = \inf\{\rho(x_0, b) : b \in B\}$,因此存在 $b \in B$ 使得 $g(x_0) \leqslant \rho(x_0, b) < g(x_0) + \varepsilon$,这样 $g(x_0) = \inf\{\rho(a, b) : a \in A, b \in B\} = \rho(A, B) > 0$. □

8.2 度量空间的可数积性质

在第 5 章第 3 节研究 R^n 中的紧集性质时,研究了 R^n 的度量性质,本节将研究度量空间的可数积性质.

(X, ρ) 是度量空间,$A \subset X$,定义 $\delta(A) = \sup\{\rho(x_1, x_2) : x_1, x_2 \in A\}$,且定义 $\delta(\varnothing) = 0$,称 $\delta(A)$ 为集 A 的直径. 如果存在 $r > 0$,使得 $\delta(A) < r$,则称 A 是 X 中的有界集. 如果 $\delta(X) \leqslant r$,则称 ρ 是 X 的有界度量且 ρ 的一个界是 r. 如果 ρ_1 与 ρ_2 诱导出的拓扑相同,则称 X 的两个度量 ρ_1 与 ρ_2 是等价的. 令 $B_{\rho_1}(x, r) = \{y : y \in X, \rho_1(x, y) < r\}$,$B_{\rho_2}(x, r) = \{y : y \in X, \rho_2(x, y) < r\}$,很容易看出两个度量 ρ_1 与 ρ_2 是等价的当且仅当对任意 $x \in X$ 及任意 $n \in N$,都存在 $m \in N$,使得 $B_{\rho_2}\left(x, \dfrac{1}{m}\right) \subset B_{\rho_1}\left(x, \dfrac{1}{n}\right)$,$B_{\rho_1}\left(x, \dfrac{1}{m}\right) \subset B_{\rho_2}\left(x, \dfrac{1}{n}\right)$.

定理 8.12 (X,ρ) 是度量空间, 则存在 X 上的有界度量 ρ_1, 使得 ρ_1 的一个界是 1, 且 ρ_1 与 ρ 等价.

证明 对任意 $x \in X, y \in X$, 令 $\rho_1(x,y) = \min\{1, \rho(x,y)\}$, 很显然 $\rho_1(x,y)$ 满足 (M1) 与 (M2). 下面验证 ρ_1 也满足 (M3), 任取 $x, y, z \in X$, 若 $\rho(x,z) \geqslant 1$ 或 $\rho(z,y) \geqslant 1$, 则一定有 $\rho_1(x,y) \leqslant \rho_1(x,z) + \rho_1(z,y)$. 若 $\rho(x,z) < 1, \rho(z,y) < 1$, 则 $\rho_1(x,z) = \rho(x,z), \rho_1(z,y) = \rho(z,y)$, 由于 $\rho(x,y) \leqslant \rho(x,z) + \rho(z,y)$, 因此 $\rho(x,y) \leqslant \rho_1(x,z) + \rho_1(z,y)$. 若 $\rho_1(x,z) + \rho_1(z,y) \leqslant 1$, 则 $\rho(x,y) \leqslant 1$, 因此 $\rho_1(x,y) = \rho(x,y)$, 这样有 $\rho_1(x,y) \leqslant \rho_1(x,z) + \rho_1(z,y)$. 若 $\rho_1(x,z) + \rho_1(z,y) \geqslant 1$, 而 $\rho_1(x,y) \leqslant 1$, 因此 $\rho_1(x,y) \leqslant \rho_1(x,z) + \rho_1(z,y)$. 这样 $\rho_1(x,y) \leqslant \rho_1(x,z) + \rho_1(z,y)$ 总是成立的. 因此 ρ_1 是 X 的度量, 当 $0 < \varepsilon < 1$ 时有 $B_\rho(x,\varepsilon) = B_{\rho_1}(x,\varepsilon)$, 因此 ρ 与 ρ_1 是等价的. □

定理 8.13 如果 (X_n, ρ_n) 是度量空间, 且每个 ρ_n 有一个界是 1, $n \in N$, 则 $X = \prod_{n \in N} X_n$ 是度量空间.

证明 证明在 X 上存在度量 ρ, 由 ρ 诱导出的拓扑与 $\prod_{n \in N} X_n$ 的积拓扑一致. 对 $x = (x_n : n \in N) \in X, y = (y_n : n \in N) \in X$, 令

$$\rho(x,y) = \sum_{n=1}^{\infty} \frac{\rho_n(x_n, y_n)}{2^n},$$

容易知道 ρ 满足 (M1), (M2) 及 (M3).

对于 X 的积拓扑中的任一开集 U, 不妨设 $U \neq \varnothing$, 对于任一 $x \in U$, 存在 $k \in N$, 及 B_i 是 X_i 中的开集使得 $x_i \in B_i, i \leqslant k, x \in \bigcap_{i \leqslant k} P_i^{-1}(B_i) \subset U$, 设存在 $\varepsilon > 0$, 使得 $B_i = B_{\rho_i}(x_i, \varepsilon), i \leqslant k$.

如果 $y = (y_n : n \in N) \in X$ 且 $\sum_{n=1}^{\infty} \frac{\rho_n(x_n, y_n)}{2^n} < \frac{\varepsilon}{2^k}$, 则 $\rho_k(x_k, y_k) < \varepsilon$. 对任一 $i < k$, 也有 $\frac{\rho_i(x_i, y_i)}{2^i} < \frac{\varepsilon}{2^k}$, 即 $\rho_i(x_i, y_i) < \frac{\varepsilon}{2^{k-i}} < \varepsilon$. 因此当 $i \leqslant k$ 时 $y_i \in B_{\rho_i}(x_i, \varepsilon)$, 于是有 $B_\rho\left(x, \frac{\varepsilon}{2^k}\right) \subset \bigcap_{i \leqslant k} P_i^{-1}(B_i)$, 即有 $x \in B_\rho\left(x, \frac{\varepsilon}{2^k}\right) \subset \bigcap_{i \leqslant k} P_i^{-1}(B_i) \subset U$, 因此 U 是 (X,ρ) 中的开集.

对任一 $\varepsilon > 0$, 及 $x \in X, x \in B_\rho(x,\varepsilon)$, 对 $y \in B_\rho(x,\varepsilon)$, 有 $\sum_{n=1}^{\infty} \frac{\rho_n(x_n, y_n)}{2^n} <$

ε. 于是存在 $k \in N$, 使得 $\frac{1}{2^{k+1}} + \frac{1}{2^{k+2}} + \cdots < \frac{\varepsilon}{2}$. 由于 $\rho_i(x_i, y_i) \leqslant 1$, 因此当 $\sum_{i=1}^{k} \frac{\rho_i(x_i, y_i)}{2^i} < \frac{\varepsilon}{2}$ 时就有 $\sum_{n=1}^{\infty} \frac{\rho_n(x_n, y_n)}{2^n} < \varepsilon$. 由于 $\sum_{i=1}^{k} \frac{1}{2^i} < 1$, 因此当 $i \leqslant k$ 且 $\rho_i(x_i, y_i) < \frac{\varepsilon}{2}$ 时, 有 $\sum_{i=1}^{k} \frac{\rho_i(x_i, y_i)}{2^i} < \frac{\varepsilon}{2}$. 这样对每个 $i \leqslant k$, 令 $B_i = B_{\rho_i}\left(x_i, \frac{\varepsilon}{2}\right)$. 则有 $x \in \bigcap_{i \leqslant k} P_i^{-1}(B_i) \subset B_\rho(x, \varepsilon)$. 这样可知 (X, ρ) 中的开集也是积拓扑中的开集, 因此 $\prod_{i \in N} X_i$ 是度量空间. □

由定理 8.12 及定理 8.13 可得如下推论:

推论 8.14 如果 (X_n, ρ_n) 是度量空间, $n \in N$, 则 $X = \prod_{n \in N} X_n$ 是度量空间.

8.3 度量空间的覆盖性质

由于每个离散空间都是度量空间, 因此度量空间不一定是紧空间, 也不一定是可数紧空间, 也不一定是 Lindelöf 空间. 下面将证明每个度量空间都是仿紧空间. X 是拓扑空间, 如果 X 的开集族 $\mathcal{V} = \bigcup\{\mathcal{V}_n : n \in N\}$, 且对每个 $n \in N$, $\mathcal{V}_n$ 是 X 中离散的开集族, 则称 $\mathcal{V}$ 是 X 中 σ 离散的开集族.

定理 8.15 (X, ρ) 是度量空间, 则对 X 的任一开覆盖 $\mathcal{U}$, 都存在 σ 离散开加细 $\mathcal{V}$.

证明 不妨设存在良序指标集 Λ, 使得 $\mathcal{U} = \{U_\alpha : \alpha \in \Lambda\}$, 对任一 $\alpha \in \Lambda$, 令 $F_\alpha(n) = \{x : x \in U_\alpha, B\left(x, \frac{1}{n}\right) \subset U_\alpha\}$, 因此 $F_\alpha(n) \subset U_\alpha$. 对任意 $x \notin F_\alpha(n)$, $B\left(x, \frac{1}{n}\right) \bigcap (X \setminus U_\alpha) \neq \varnothing$, 令 $y \in B\left(x, \frac{1}{n}\right) \bigcap (X \setminus U_\alpha)$, 则 $\rho(x, y) < \frac{1}{n}$. 令 $r = \frac{1}{n} - \rho(x, y)$, 对任一 $z \in B(x, r)$, 则 $\rho(z, y) \leqslant \rho(z, x) + \rho(x, y) < \frac{1}{n}$, 因此 $z \notin F_\alpha(n)$, 于是 $B(x, r) \bigcap F_\alpha(n) = \varnothing$, 因此 $F_\alpha(n)$ 是 X 的闭集. 令 $E_\alpha(n) = F_\alpha(n) \setminus \bigcup\{U_\beta : \beta < \alpha\}$, 则 $E_\alpha(n)$ 仍是闭集. 对任一 $x \in X$, 令 α 是 Λ 中使得 $x \in U_\alpha$ 的最小元, 于是存在 n, 使得 $x \in B\left(x, \frac{1}{n}\right) \subset U_\alpha$, 这样 $x \in F_\alpha(n)$, 于是 $x \in E_\alpha(n)$, 这样 $X = \bigcup\{E_\alpha(n) : \alpha \in \Lambda, n \in N\}$. 令 $U_\alpha(n) = \bigcup\left\{B\left(x, \frac{1}{3n}\right) : x \in E_\alpha(n)\right\}$, 因此

$U_\alpha(n)$ 是开集, 且 $U_\alpha(n) \subset U_\alpha$, $X = \bigcup\{U_\alpha(n) : \alpha \in \Lambda, n \in N\}$. 下证对每个 $n \in N$, $\mathcal{V}_n = \{U_\alpha(n) : \alpha \in \Lambda\}$ 是 X 的离散集族.

对于任意 $\beta_1 \in \Lambda, \beta_2 \in \Lambda$, 不妨设 $\beta_1 < \beta_2$, 则 $E_{\beta_1}(n) \subset U_{\beta_1}$, $E_{\beta_2}(n) \subset U_{\beta_2} \setminus U_{\beta_1}$, 由 $E_{\beta_1}(n)$ 的定义可知 $\rho(E_{\beta_1}(n), E_{\beta_2}(n)) \geqslant \frac{1}{n}$, 因此 $\rho(U_{\beta_1}(n), U_{\beta_2}(n)) \geqslant \frac{1}{3n}$. 这样对任一 $x \in X$, $B\left(x, \frac{1}{6n}\right)$ 不可能同时与 $U_{\beta_1}(n)$ 及 $U_{\beta_2}(n)$ 相交. 假若 $y_1 \in B\left(x, \frac{1}{6n}\right) \bigcap U_{\beta_1}(n)$, $y_2 \in B\left(x, \frac{1}{6n}\right) \bigcap U_{\beta_2}(n)$, 则存在 $x_1 \in E_{\beta_1}(n)$, 使得 $B\left(x_1, \frac{1}{3n}\right) \bigcap B\left(x, \frac{1}{6n}\right) \neq \varnothing$, 存在 $x_2 \in E_{\beta_2}(n)$, 使得 $B\left(x_2, \frac{1}{3n}\right) \bigcap B\left(x, \frac{1}{6n}\right) \neq \varnothing$, 于是 $\rho(x_1, x_2) < \frac{1}{3n} + \frac{1}{6n} + \frac{1}{6n} + \frac{1}{3n} = \frac{1}{n}$, 这与 $\rho(E_{\beta_1}(n), E_{\beta_2}(n)) \geqslant \frac{1}{n}$ 矛盾. 因此 $\mathcal{V} = \bigcup\{\mathcal{V}_n : n \in N\}$ 是 $\mathcal{U}$ 的 σ 离散开加细. □

由于每个度量空间都是正则空间, 因此由定理 7.11 及定理 8.15 可得如下推论:

推论 8.16 每个度量空间都是仿紧空间.

由推论 8.16 及定理 7.19 可得如下推论:

推论 8.17 (X, ρ) 是度量空间, X 是紧空间当且仅当 X 是可数紧空间.

$\mathcal{B}$ 是拓扑空间 X 的基, 若 $\mathcal{B} = \bigcup\{\mathcal{B}_n : n \in N\}$, 且对每个 $n \in N$, $\mathcal{B}_n$ 都是 X 的离散 (局部有限) 开集族, 则称 $\mathcal{B}$ 是拓扑空间 X 的 σ 离散 (局部有限) 基.

定理 8.18 每个度量空间都具有 σ 离散基 $\mathcal{B}$.

证明 令 $\mathcal{U}_n = \left\{B\left(x, \frac{1}{n}\right) : x \in X\right\}$, $n \in N$, 则 $\bigcup\{\mathcal{U}_n : n \in N\}$ 是 X 的基. 对任一 $n \in N$, $\bigcup \mathcal{U}_n = X$, 由定理 8.15 可知, $\mathcal{U}_n$ 存在 σ 离散开加细 $\mathcal{B}_n = \bigcup\{\mathcal{B}_{nm} : m \in N\}$. 令 $\mathcal{B} = \bigcup\{\mathcal{B}_{nm} : n \in N, m \in N\}$, 下证 $\mathcal{B}$ 是 X 的基. 对于 X 中任意非空开集 U, 对任意 $x \in U$, 则存在 $n \in N$, 使得 $x \in B\left(x, \frac{1}{n}\right) \subset U$, 因此对任意 $y \in X$, 若 $x \in B\left(y, \frac{1}{2n}\right)$, 则 $B\left(y, \frac{1}{2n}\right) \subset B\left(x, \frac{1}{n}\right) \subset U$. 而 $\bigcup \mathcal{B}_{2n} = X$,

因此存在 $m \in N$, 及 $B \in \mathcal{B}_{(2n)m}$ 与某个 $y \in X$, 使得 $x \in B \subset B\left(y, \frac{1}{2n}\right)$, 而 $B\left(y, \frac{1}{2n}\right) \subset B\left(x, \frac{1}{n}\right) \subset U$, 因此 $x \in B \subset B\left(x, \frac{1}{n}\right) \subset U$, 因此 $\mathcal{B}$ 是 X 的 σ 离散基. $\square$

8.4 度量化定理

因为度量空间具有很好的性质, 因此对于给定的拓扑空间 $(X, \mathcal{T})$, 人们想知道是否存在度量 ρ, 使得由 ρ 诱导出的拓扑 $\mathcal{T}_\rho$ 与原拓扑 $\mathcal{T}$ 是一致的. 如果可以找到这样的度量 ρ, 则称 X 是可度量空间, 简称 X 是可度量化的.

定义 8.19 X 是拓扑空间, $X = \bigcup\{A_s : s \in S\}$, $f_s : A_s \to Y$ 是映射, $s \in S$. 如果对任意 $s_1, s_2 \in S$, 有 $f_{s_1}|(A_{s_1} \bigcap A_{s_2}) = f_{s_2}|(A_{s_1} \bigcap A_{s_2})$, 即当 $x \in A_{s_1} \bigcap A_{s_2}$ 时有 $f_{s_1}(x) = f_{s_2}(x)$, 则称映射族 $\{f_s : s \in S\}$ 是相融的, 定义映射 $f : X \to Y$, 满足对任意 $x \in X$, 如果存在 $s \in S$, 使得 $x \in A_s$, 令 $f(x) = f_s(x)$, 则称 f 是 $\{f_s : s \in S\}$ 的融合, 记为 $\nabla_{s \in S} f_s$.

引理 8.20 如果 $\{U_s : s \in S\}$ 是 X 的开覆盖, $f_s : U_s \to Y$ 连续, $s \in S$, 且 $\{f_s : s \in S\}$ 是相融的, 则 $f = \nabla_{s \in S} f_s : X \to Y$ 是连续映射.

证明 对 Y 中的任意开集 U, $f^{-1}(U) = \bigcup\{f_s^{-1}(U) : s \in S\}$ 是 X 中的开集, 因此 f 是连续映射. $\square$

引理 8.21 如果 X 是 T_0 空间, $\{\rho_i\}_{i=1}^\infty$ 是 X 上的一列伪度量, 对每个 $i \in N$, ρ_i 有界且有一个界是 1, 且满足如下条件:

(1) $\rho_i : X \times X \to R^+$ 是连续映射, $i \in N$;
(2) 对每个 $x \in X$, 若 A 是非空闭集, 且 $x \notin A$, 则存在 $i \in N$, 使得 $\rho_i(x, A) > 0$.

则 X 是可度量空间, 且度量为 $\rho(x, y) = \sum_{i=1}^\infty \frac{\rho_i(x, y)}{2^i}$.

证明 对 X 中任意两点 x 与 y, 令
$$\rho(x, y) = \sum_{i=1}^\infty \frac{\rho_i(x, y)}{2^i},$$
则 $\rho : X \times X \to R$ 显然满足 (M2) 与 (M3).

对于 $x \neq y$ 的情况, 由于 X 是 T_0 空间, 因此有 $x \notin \overline{\{y\}}$ 或 $y \notin \overline{\{x\}}$. 因此由条

件 (2) 可知, 存在 $i \in N$, 使得 $\rho_i(x, y) > 0$, 于是 $\rho(x, y) > 0$, 因此 (M1) 成立. 这样就证明了 ρ 是一度量.

下面证明 ρ 诱导出的拓扑 $\mathcal{T}_\rho$ 与 X 原来的拓扑 $\mathcal{T}$ 等价. 对于任意 $U \in \mathcal{T}$, 若 $U \neq \varnothing$, 对任意 $x \in U$, 有 $x \notin X \setminus U = F$, F 闭于 X, 于是存在 i, 使得 $\rho_i(x, F) = r > 0$, 于是 $\rho(x, F) \geqslant \dfrac{r}{2^i}$, 因此 $B_\rho\left(x, \dfrac{r}{2^i}\right) \bigcap F = \varnothing$, 即 $x \in B_\rho\left(x, \dfrac{r}{2^i}\right) \subset U$. 因此 U 是 (X, ρ) 中的开集.

对于任意 $x \in X$, 及任意 $n \in N$, $x \in B_\rho\left(x, \dfrac{1}{n}\right)$, 下面证明存在开集 $U \in \mathcal{T}$, 使得 $x \in U \subset B_\rho\left(x, \dfrac{1}{n}\right)$. 由于 $\rho(x, y) = \sum\limits_{i=1}^\infty \dfrac{\rho_i(x, y)}{2^i}$, $0 \leqslant \rho_i(x, y) \leqslant 1$, 且 ρ_i 是 $X \times X$ 到 R 的连续映射, 则 $\rho : X \times X \to R$ 也是连续映射 (由定理 3.10 得).

由于 $\rho(x, x) = 0$ 且 $\rho : X \times X \to R$ 是连续映射, 因此对于 $\dfrac{1}{n}$, 存在 X 中含 x 的开集 V_x, 使得当 $y_1 \in V_x$ 且 $y_2 \in V_x$ 时有 $|\rho(y_1, y_2) - \rho(x, x)| = \rho(y_1, y_2) < \dfrac{1}{n}$. 由于 $x \in V_x$, 因此对任意 $y \in V_x$ 有 $\rho(x, y) < \dfrac{1}{n}$. 这样 $x \in V_x \subset B_\rho\left(x, \dfrac{1}{n}\right)$. 因此 $(X, \mathcal{T}_\rho)$ 中的开集也是 $(X, \mathcal{T})$ 中开集. 这样就证明了 ρ 诱导出的拓扑与 X 原来的拓扑 $\mathcal{T}$ 等价. □

定理 8.22 一拓扑空间 X 是可度量化的当且仅当 X 是正则空间且具有 σ 局部有限基.

证明 "$\Rightarrow$" 可由定理 8.8 及定理 8.18 得到.

"$\Leftarrow$" 令 $\mathcal{B} = \bigcup\{\mathcal{B}_n : n \in N\}$ 是 X 的 σ 局部有限基. 对每个 $n \in N$, 不妨设 $\mathcal{B}_n = \{B_s : s \in S_n\}$, 为了证明 X 是度量空间, 只需构造出引理 8.21 中的一列伪度量 $\{\rho_i\}_{i=1}^\infty$. 对每个 $i \in N$, 及任意 $s \in S_i$, B_s 是开集. 对 $k \in N$, 令 $V_s = \bigcup\{B_{s'} : \overline{B_{s'}} \subset B_s, s' \in S_k\}$, $\mathcal{B}_k$ 是局部有限集族, 因此有 $\overline{V_s} \subset B_s$. 由已知及定理 7.11 可知 X 是仿紧 T_2 空间, 因此由定理 7.9 可知 X 是正规空间, 这样存在 $f_s : X \to [0, 1]$, 使得 $f_s(\overline{V_s}) \subset \{1\}$, $f_s(X \setminus B_s) \subset \{0\}$. 对于任意 $x \in X, y \in X$, 存在开集 U_x 及 U_y, 使得 $x \in U_x$, $y \in U_y$, U_x 与 U_y 都只与 $\mathcal{B}_i$ 中有限个元相交. 因此令 $S_i(x) = \{s : U_x \bigcap B_s \neq \varnothing, s \in S_i\}$, $S_i(y) = \{s : U_y \bigcap B_s \neq \varnothing, s \in S_i\}$. 定义
$$g_{xy}(x_1, x_2) = \sum_{s \in S_i(x) \bigcup S_i(y)} |f_s(x_1) - f_s(x_2)|,$$

其中 $x_1 \in U_x, x_2 \in U_y$. 因此 $g_{xy}: U_x \times U_y \to R$ 为连续映射. 当 $s \in S_i \setminus S_i(x) \bigcup S_i(y)$ 时, 对于 $x_1 \in U_x, y_1 \in U_y$, 有 $x_1 \in X \setminus B_s$ 及 $y_1 \in X \setminus B_s$, 于是 $f_s(x_1) = f_s(y_1) = 0$. 因此对于 $x_1 \in U_x, x_2 \in U_y$, 可令 $g_{xy}(x_1, x_2) = \sum_{s \in S_i} |f_s(x_1) - f_s(x_2)|$. 因此对于不同的映射 g_{xy} 与 g_{pq}, 它们是相融合的.

令
$$g_{ik} = \nabla_{x,y \in X} g_{xy},$$
则由引理 8.20 可知 $g_{ik}: X \times X \to R$ 为连续映射. 对于 $x \in X$, 及不含 x 的任一闭集 A, 有 $i \in N$, 及 $s \in S_i$, 使得 $x \in B_s \subset X \setminus A$, 于是有 $k \in N$, 及 $s' \in S_k$ 使得 $x \in B_{s'} \subset \overline{B_{s'}} \subset B_s$, 于是 $x \in V_s \subset \overline{V_s} \subset B_s$. 因此 $f_s(x) = 1, f_s(X \setminus B_s) \subset \{0\}$. 这样对于 $x_1 = x, x_2 \in X \setminus B_s$, 有 $|f_s(x_1) - f_s(x_2)| = 1$ 且 $s \in S_i$, 因此 $g_{ik}(x_1, x_2) \geqslant 1$.

令
$$\rho_{ik}(x, y) = \min\{1, g_{ik}(x, y)\},$$
因此 $\rho_{ik}(x, X \setminus B_s) = 1$, 于是 $\rho_{ik}(x, A) = 1 > 0$, 因此 $\{\rho_{ik} : i \in N, k \in N\}$ 满足引理 8.21 中的条件. 这样 X 是可度量空间. □

由定理 8.8、定理 8.18 及定理 8.22 可得如下定理:

定理 8.23 一拓扑空间 X 是可度量化的当且仅当 X 是正则空间且具有 σ 离散基.

上述定理 8.22 及定理 8.23 的结果, 是数学家 R. H. Bing (美) 和 J. Nagata (日) 以及 Ju. M. Smirnov (俄) 在 20 世纪 50 年代初分别得到的, 一般称为 Bing-Nagata-Smirnov 度量化定理.

前面已证明了在度量空间中可数紧与紧性等价. 其它性质如第二可数、可分及 Lindelöf 性质在度量空间中也是等价的.

8.5 度量空间中的几种可数性质及应用

在第 2 章中讨论了 Lindelöf 性质、可分性质及第二可数等拓扑性质, 说明了它们虽然有一定的包含关系, 但是它们不是等价的. 但在度量空间中, 这些性质是等价的. 另一方面度量空间的每个闭子集都是 G_δ 集, 即每个闭集也与某种可数性质有关系.

定理 8.24　X 是度量空间, 则下述条件等价:

(1) X 是第二可数空间;

(2) X 是 Lindelöf 空间;

(3) X 是可分空间;

(4) X 中每个由两两互不相交的非空开集构成的集族是可数集族.

证明　X 是度量空间, 令 X 上的度量为 ρ.

"(1) $\Rightarrow$ (2)" 由定理 2.5 可得.

"(2) $\Rightarrow$ (3)" 对 $n \in N$, 令 $\mathcal{U}_n = \left\{ B\left(x, \dfrac{1}{n}\right) : x \in X \right\}$, 则 $\bigcup \mathcal{U}_n = X$. X 是 Lindelöf 空间, 则存在 $x_{nm} \in X$, $m \in N$, 使得 $X = \bigcup \left\{ B\left(x_{nm}, \dfrac{1}{n}\right) : m \in N \right\}$. 令 $D = \{x_{nm} : n \in N, m \in N\}$, 则 $|D| \leqslant \omega$. 下证 $\overline{D} = X$.

对于任意 $x \in X$ 及含 x 的任一开集 U, 存在 $n \in N$, 使得 $x \in B\left(x, \dfrac{1}{n}\right) \subset U$. 由于 $X = \bigcup \left\{ B\left(x_{nm}, \dfrac{1}{n}\right) : m \in N \right\}$, 因此存在 $m \in N$, 使得 $x \in B\left(x_{nm}, \dfrac{1}{n}\right)$. 因此 $\rho(x, x_{nm}) < \dfrac{1}{n}$, 即 $x_{nm} \in B\left(x, \dfrac{1}{n}\right) \subset U$. 这样 $U \bigcap D \neq \varnothing$, 于是 $\overline{D} = X$.

"(3) $\Rightarrow$ (4)" 假设存在两两互不相交的非空开集族 $\{U_\alpha : \alpha \in \omega_1\}$, 令 D 是 X 的可数稠密集, 则 $U_\alpha \bigcap D \neq \varnothing, \alpha \in \omega_1$. 这样取 $x_\alpha \in U_\alpha \bigcap D, \alpha \in \omega_1$, 则 $\{x_\alpha : \alpha \in \omega_1\} \subset D$, 因此 $|D| > \omega$, 这与 $|D| \leqslant \omega$ 矛盾.

"(4) $\Rightarrow$ (3)" 令 $\mathcal{U}_n = \left\{ B\left(x, \dfrac{1}{n}\right) : x \in X \right\}$, 对 $n \in N$, 令 $\mathcal{U}_n$ 中两两互不相交的极大集族为 $\mathcal{V}_n$ (由 Zorn 引理可知, 这样的 $\mathcal{V}_n$ 是存在的), 则 $|\mathcal{V}_n| \leqslant \omega$. 由 $\mathcal{V}_n$ 的极大性可知, 对任意 $y \in X$, 存在 $V \in \mathcal{V}_n$, 使得 $B\left(y, \dfrac{1}{n}\right) \bigcap V \neq \varnothing$. 令 $\mathcal{V}_n = \left\{ B\left(x_{nm}, \dfrac{1}{n}\right) : m \in N \right\}$, 令 $D = \{x_{nm} : n \in N, m \in N\}$, 下证 $\overline{D} = X$. 对于任意的 $x \in X$ 及含点 x 的任一开集 U, 存在 $n \in N$, 使得 $x \in B\left(x, \dfrac{1}{2n}\right) \subset B\left(x, \dfrac{1}{n}\right) \subset U$. 由于存在 $m \in N$, 使得 $B\left(x, \dfrac{1}{2n}\right) \bigcap B\left(x_{(2n)m}, \dfrac{1}{2n}\right) \neq \varnothing$, 令

$z \in B\left(x, \frac{1}{2n}\right) \bigcap B\left(x_{(2n)m}, \frac{1}{2n}\right)$, 则 $\rho(x, x_{(2n)m}) \leqslant \rho(x, z) + \rho(z, x_{(2n)m}) < \frac{1}{2n} + \frac{1}{2n} = \frac{1}{n}$. 因此 $x_{(2n)m} \in B\left(x, \frac{1}{n}\right) \subset U$, 即 $U \bigcap D \neq \varnothing$, 于是 $\overline{D} = X$.

"(3) $\Rightarrow$ (1)" 令 $D \subset X, |D| \leqslant \omega$ 且 $\overline{D} = X$. 令 $\mathcal{B} = \left\{B\left(d, \frac{1}{n}\right) : n \in N, d \in D\right\}$, 下证 $\mathcal{B}$ 是 X 的可数基. 显然有 $|\mathcal{B}| \leqslant \omega$. 对于任意 $x \in X$ 及含点 x 的任一开集 U, 存在 $n \in N$, 使得 $x \in B\left(x, \frac{1}{2n}\right) \subset B\left(x, \frac{1}{n}\right) \subset U$. 于是存在 $d \in B\left(x, \frac{1}{2n}\right) \bigcap D$, 这样 $x \in B\left(d, \frac{1}{2n}\right)$, 对任意 $z \in B\left(d, \frac{1}{2n}\right)$, 有 $\rho(x, z) \leqslant \rho(x, d) + \rho(d, z) < \frac{1}{2n} + \frac{1}{2n} = \frac{1}{n}$, 因此 $x \in B\left(d, \frac{1}{2n}\right) \subset B\left(x, \frac{1}{n}\right) \subset U$, 因此 $\mathcal{B}$ 是 X 的可数基. □

对于度量空间 (X, ρ) 的任一子集 A, 定义 $U(A, n) = \bigcup\left\{B\left(x, \frac{1}{n}\right) : x \in A\right\}$, 若 A 是闭集, 则有如下定理:

定理 8.25 (X, ρ) 是度量空间, $\mathcal{F}$ 是 X 的所有非空闭集构成的集族, 令 $U : \mathcal{F} \times N \to \mathcal{T}_\rho$, 满足 $U(F, n) = \bigcup\left\{B\left(x, \frac{1}{n}\right) : x \in F\right\}$, 则算子 U 满足如下性质:

(1) $F = \bigcap\{U(F, n) : n \in N\} = \bigcap\{\overline{U(F, n)} : n \in N\}$;
(2) 若 $F_1 \subset F_2$, 且 $F_1, F_2 \in \mathcal{F}$, 则 $U(F_1, n) \subset U(F_2, n)$.

证明 先证 (1):
对于 $F \in \mathcal{F}, F$ 是闭集. 对任意 $x \notin F$, 存在 $n \in N$, 使得 $B\left(x, \frac{1}{n}\right) \bigcap F = \varnothing$, 这样有 $B\left(x, \frac{1}{2n}\right) \bigcap U(F, 2n) = \varnothing$, 因此 $x \notin \overline{U(F, 2n)}$. 由于 $F \subset U(F, n)$, 这样 $F = \bigcap\{\overline{U(F, n)} : n \in N\}$, 因此 (1) 成立.

(2) 显然成立. □

下述概念在第 2 章出现过, 这里再回顾一下. 一拓扑空间 X 中的集族 $\mathcal{F}$ 满足: 对于任意的 $x \in X$ 都存在开集 O_x, 使得 $x \in O_x$, 且 $|\{F : F \in \mathcal{F}, F \bigcap O_x \neq \varnothing\}| \leqslant 1$, 则称 $\mathcal{F}$ 是 X 的离散集族, 若 $\mathcal{F}$ 中的每个元都是闭 (开) 的, 则称 $\mathcal{F}$ 是 X 的离散闭 (开) 集族. 例如在 R 中 $\mathcal{F}_1 = \{\{n\} : n \in N\}$ 为离散闭集族. $\mathcal{F}_2 = \{[2n, 2n+1] :$

$n \in N\}$ 是离散闭集族.

如果 X 是 T_1 拓扑空间, 且对 X 中的每个离散闭集族 $\mathcal{F}$, 都存在离散开集族 $\mathcal{U} = \{U_F : F \in \mathcal{F}\}$, 使得 $F \subset U_F, F \in \mathcal{F}$, 则称 X 是集体正规空间. 由定义可知每个集体正规空间是正规空间. 对于集体正规空间, 有下面的定理:

定理 8.26 如果 X 中任一离散的闭集族 $\mathcal{F} = \{F_\alpha : \alpha \in \Lambda\}$, 都存在两两互不相交的开集族 $\mathcal{U} = \{U_\alpha : \alpha \in \Lambda\}$, 使得 $F_\alpha \subset U_\alpha, \alpha \in \Lambda$, 则 X 是集体正规空间.

证明 令 $\mathcal{F} = \{F_\alpha : \alpha \in \Lambda\}$ 是 X 的任意一个离散闭集族, 由已知, 存在两两互不相交的开集族 $\{V_\alpha : \alpha \in \Lambda\}$, 使得 $F_\alpha \subset V_\alpha, \alpha \in \Lambda$. 令 $F = \bigcup\{F_\alpha : \alpha \in \Lambda\}$, 由推论 2.19 知, F 是 X 中的闭集. 令 $V = \bigcup\{V_\alpha : \alpha \in \Lambda\}$, 则 $F \subset V$ 且 V 是 X 中的开集. 已知 X 是正规空间, 因此 X 中存在开集 U, 使得 $F \subset U \subset \overline{U} \subset V$. 令 $U_\alpha = V_\alpha \bigcap U$, 则 $F_\alpha \subset U_\alpha, \alpha \in \Lambda$. 对于 $x \in X$, 若 $x \in V$, 则存在 $\alpha_1 \in \Lambda$, 使得 $x \in V_{\alpha_1}$, 因此如果 $\beta \in \Lambda \backslash \{\alpha_1\}$, 则 $V_{\alpha_1} \bigcap V_\beta = \varnothing$, 因此 $V_{\alpha_1} \bigcap U_\beta = \varnothing$. 若 $x \notin V$, 则 $x \in X \backslash \overline{U} = O_x$, 则对每个 $\alpha \in \Lambda$, 有 $O_x \bigcap U_\alpha = \varnothing$. 这样 $\{U_\alpha : \alpha \in \Lambda\}$ 是 X 中的离散开集族, 且 $F_\alpha \subset U_\alpha, \alpha \in \Lambda$. □

前面已证明每个度量空间都是正规空间, 实际上度量空间还有更强的分离性质.

定理 8.27 每个度量空间是集体正规空间.

证明 令 $\mathcal{F} = \{F_\alpha : \alpha \in \Lambda\}$ 是度量空间 (X, ρ) 中的离散闭集族, 令 $A_\alpha = \bigcup\{F_\beta : \beta \in \Lambda \backslash \{\alpha\}\}$, 则 A_α 是闭集且 $F_\alpha \bigcap A_\alpha = \varnothing$. 令 U 是满足定理 8.25 条件的算子, 则令

$$V_\alpha = \bigcup\{U(F_\alpha, n) \backslash \overline{U(A_\alpha, n)} : n \in N\}, \alpha \in \Lambda,$$

对于任意 $x \in F_\alpha$, 存在 n, 使得 $x \notin \overline{U(A_\alpha, n)}$, 于是 $x \in U(F_\alpha, n) \backslash \overline{U(A_\alpha, n)}$, 这样 $F_\alpha \subset V_\alpha$, 且 V_α 是 X 中的开集.

下面只需说明: 如果 $\alpha \neq \beta$, 有 $V_\alpha \bigcap V_\beta = \varnothing$.

由于 $\alpha \neq \beta$, 因此 $F_\beta \subset A_\alpha$ 且 $F_\alpha \subset A_\beta$, 这样 $U(F_\beta, n) \subset U(A_\alpha, n), U(F_\alpha, n) \subset U(A_\beta, n)$, 这样 $(U(F_\alpha, n) \backslash \overline{U(A_\alpha, n)}) \bigcap (U(F_\beta, n) \backslash \overline{U(A_\beta, n)}) = \varnothing$.

由于当 $m > n$ 时, $U(F_\beta, m) \subset U(F_\beta, n) \subset U(A_\alpha, n)$, 于是当 $m > n$ 时有 $(U(F_\alpha, n) \backslash \overline{U(A_\alpha, n)}) \bigcap (U(F_\beta, m) \backslash \overline{U(A_\beta, m)}) = \varnothing$.

同理当 $m < n$ 时也有 $(U(F_\alpha,n)\setminus\overline{U(A_\alpha,n)})\bigcap(U(F_\beta,m)\setminus\overline{U(A_\beta,m)}) = \varnothing$. 因此如果 $\alpha \neq \beta$, $V_\alpha \bigcap V_\beta = \varnothing$. 这样由定理 8.26 可知 X 是集体正规空间. □

X 中的一集合 U 如果是可数个闭集的并, 则称 U 是 X 中的 F_σ 集.

引理 8.28 如果空间 X 中的每个闭集是 G_δ 集, 则 X 中的每个开集是 F_σ 集.

引理 8.29 如果 T_1 空间 X 中的每个闭离散子空间是可数的且 X 中的每个闭集是 G_δ 集, 则 X 中的每个离散子空间是可数的.

证明 令 Y 是 X 的离散子空间, 则对任意 $y \in Y$, 存在开集 V_y, 使得 $V_y \bigcap Y = \{y\}$. 令 $V = \bigcup\{V_y : y \in Y\}$, 则 V 是 X 中的开集. 由引理 8.28, $V = \bigcup\{F_n : n \in N\}$, 其中 F_n 是 X 中的闭集, $n \in N$. 令 $Y_n = F_n \bigcap Y$, 若 $x \in V$, 则存在 $y \in Y$, $x \in V_y$, 使得 $|V_y \bigcap Y_n| \leqslant 1$; 若 $x \notin V$, 令 $O_x = X \setminus F_n$, 则 $O_x \bigcap Y_n = \varnothing$. 于是 Y_n 是 X 中的闭离散子集. 由已知 $|Y_n| \leqslant \omega$, $n \in N$, 这样 $|Y| \leqslant \omega$. □

定理 8.30 (X,ρ) 是度量空间, 则下述条件等价:

(1) X 中的每个离散子空间是可数的;
(2) X 中的每个闭离散子空间是可数的;
(3) X 中的两两不相交的非空开集构成的集族是可数的.

证明 "(2) ⇒ (1)" 由定理 8.5 及引理 8.29 可得.

"(1) ⇒ (3)" 令 $\mathcal{U} = \{U_\alpha : \alpha \in \Lambda\}$ 是 X 中任一个两两互不相交的非空开集构成的集族, 取 $x_\alpha \in U_\alpha$, 则 $B = \{x_\alpha : \alpha \in \Lambda\}$ 是 X 中的离散子空间, 由已知 $|B| \leqslant \omega$, 因此 $|\mathcal{U}| \leqslant \omega$.

"(3) ⇒ (2)" 令 F 是 X 中的闭离散子空间, 则 $\mathcal{F} = \{\{x\} : x \in F\}$ 是 X 的离散闭集族. 由定理 8.27, 存在离散的开集族 $\mathcal{U} = \{U_x : x \in F\}$, 使得 $\{x\} \subset U_x$, $x \in F$. 这样 $\mathcal{U}$ 中的元是两两互不相交的, 因此 $|\mathcal{U}| \leqslant \omega$, 于是 $|F| \leqslant \omega$. □

由定理 8.24 与定理 8.30, 有如下推论:

推论 8.31 (X,ρ) 是度量空间, 则下述条件等价:

(1) X 是第二可数空间;

(2) X 是 Lindelöf 空间;

(3) X 是可分空间;

(4) X 中的两两互不相交的非空开集构成的集族是可数集族;

(5) X 中的每个离散子空间是可数的;

(6) X 中的每个闭离散子空间是可数的.

由定理 8.22 可知, 每个正则第二可数空间是可度量空间, 下面研究第二可数的度量空间紧化的特殊性质.

定理 8.32 每个第二可数的度量空间 X 存在一个紧化 $c(X)$ 也是第二可数的度量空间.

证明 令 $\mathcal{B}$ 是 X 的可数基, 令 $\mathcal{F} = \{(B_1, B_2) : B_1, B_2 \in \mathcal{B}, \overline{B_1} \subset B_2\}$, 由于 $|\mathcal{B}| \leqslant \omega$, 因此 $|\mathcal{F}| \leqslant \omega$. 对于 $(B_1, B_2) \in \mathcal{F}$, 由于 X 是正规空间, 因此由引理 6.22 可知存在连续映射 $f_{B_1 B_2} : X \to [0, 1]$ 使得 $f_{B_1 B_2}(B_1) \subset \{0\}$, $f_{B_1 B_2}(X \backslash B_2) \subset \{1\}$. 对于 X 中两个不同的点 x_1 与 x_2, 存在 $B_1 \in \mathcal{B}$, $B_2 \in \mathcal{B}$, 使得 $x_1 \in B_1 \subset \overline{B_1} \subset B_2 \subset X \backslash \{x_2\}$. 因此 $(B_1, B_2) \in \mathcal{F}$, 于是 $f_{B_1 B_2}(x_1) = 0$, $f_{B_1 B_2}(x_2) = 1$. 这样 $f_{B_1 B_2}(0) \neq f_{B_1 B_2}(1)$. 对于 X 中任一闭集 F 及任一 $x \notin F$, 同样存在 $(A_1, A_2) \in \mathcal{F}$, 使得 $x \in A_1 \subset \overline{A_1} \subset A_2 \subset X \backslash F$. 于是 $f_{A_1 A_2}(A_1) \subset \{0\}$, $f_{A_1 A_2}(X \backslash A_2) \subset \{1\}$, 这样 $f_{A_1 A_2}(x) \notin \overline{f_{A_1 A_2}(A_2)}$, 因此 $\mathcal{A} = \{f_{B_1 B_2} : (B_1, B_2) \in \mathcal{F}\}$ 是 X 上的分离点及分离点与闭集的连续映射族.

令 $\mathcal{A} = \{f_n : n \in N\}$, $f_n : X \to I_n$, 其中 $I_n = [0, 1]$, $n \in N$. 由定理 3.28 可知: 如果 $f : X \to \prod_{n \in N} I_n$ 且满足 $f(x) = (f_n(x) : n \in N)$, 则 f 是一嵌入, 即 X 与 $f(X)$ 同胚. 令 $Y = \overline{f(X)}$, 则 Y 是紧空间. 由推论 8.14 可知, $\prod_{n \in N} I_n$ 是度量空间, 于是 Y 是度量空间. 由定理 2.47 可知, $\prod_{n \in N} I_n$ 是第二可数的, 因此 Y 也是第二可数的. 因此由引理 7.23 可知, X 存在紧化 $c(X)$ 与 Y 同胚, 这样 $c(X)$ 是第二可数的度量空间. □

若 $f : X \to Y$ 是完备映射, 称 X 是 Y 的完备逆像.

定理 8.33 如果 X 是可分度量空间, 则 X 的极大紧化 βX 及 $\beta X \backslash X$ 都是可分度量空间的完备逆像.

证明 由于 X 是可分度量空间, 因此 X 是第二可数空间. 由定理 8.32, X 存在一紧化 $c(X)$ 是可分度量空间. 令 $f: \beta X \to c(X)$, 满足 $f(x) = x, x \in X$, 且 $f^{-1}(c(X)\backslash X) = \beta X \backslash X$, 则 f 是完备映射. 由定理 7.41 的证明可知 $f: \beta X \backslash X \to c(X) \backslash X$ 也是完备映射. 由于 $c(X)$ 是可分度量空间, 因此是第二可数的, 这样 $c(X)\backslash X$ 也是第二可数的度量空间, 因此是可分度量空间. □

关于度量空间还有很多精美的结论, 且关于度量空间闭映射像的刻画是广义度量理论中十分经典的定理, 有兴趣的读者可参阅文献 [2] 与 [8].

练 习

8.1 A 是度量空间 (X, ρ) 的子集, 证明点 x 与集 A 的距离是 0 的充分必要条件是 $x \in \overline{A}$.

8.2 设 X 是度量空间, $f: X \to Y$ 是连续闭满映射, 证明对任意 $B \subset Y$, 及任意 $y \in \overline{B}$, 都存在序列 $\{y_n : n \in N\} \subset B$, 使得 $\{y_n : n \in N\}$ 收敛于 y.

8.3 设 X 是度量空间, $f: X \to Y$ 是连续闭满映射, 证明对任意非空紧集 $B \subset Y$, 都存在 X 中的紧集 A, 使得 $f(A) = B$.

8.4 设 (X, ρ) 与 (Y, σ) 都是度量空间, 证明在度量拓扑下, 映射 $f: X \to Y$ 连续的充分必要条件是对每个 $x \in X$, 及任意 $\varepsilon > 0$, 都存在 $\delta > 0$, 使得当 $\rho(x, y) < \delta$ 时, 有 $\sigma(f(x), f(y)) < \varepsilon$.

8.4 证明 ω_1 在序拓扑下不是度量空间.

8.5 X 是度量空间, 证明 X 是可分空间当且仅当 X 是 Lindelöf 空间.

8.6 举例说明度量空间的闭连续映射像不一定是度量空间.

8.7 X 是度量空间, $A \subset X$, 证明 A 是紧集当且仅当 A 是可数紧集.

8.8 对每个 $\alpha \in \omega_1$, $X_\alpha = \{0, 1\}$ 是离散拓扑空间, 证明 $\prod_{\alpha \in \omega_1} X_\alpha$ 不是度量空间.

8.9 X 是度量空间, 如果对每个 $x \in X$, 给定点 x 的一个开邻域 $\phi(x)$, 证明在 X 中存在闭离散集 D, 使得 $X = \bigcup \{\phi(d) : d \in D\}$.

参 考 文 献

[1] Arhangel'skii A V. Two types of remainders of topological groups. Comment. Math. Univ. Carolin., 2008, 49: 119–126.

[2] Engelking R. General Topology. Revised and Completed Edition. Berlin: Heldermann Verlag, 1989.

[3] Henriksen M, Isbell J R. Some properties of compactifications. Duke Math. J., 1958, 25: 83–106.

[4] Munkres James R. Topology (Second Edition). English reprint edition copyright @2004 by Pearson Education Asia limited and China Machine Press.

[5] Kunen K. Set Theory. North Holland Publishing Company, 1980.

[6] 高国士. 拓扑空间论 (第二版). 北京：科学出版社, 2008.

[7] 李进金, 李克典, 林寿. 基础拓扑学导引. 北京：科学出版社, 2009.

[8] 林寿. 广义度量空间与映射 (第二版). 北京：科学出版社, 2007.

[9] 熊金城. 点集拓扑讲义 (第三版). 北京：高等教育出版社, 2003.

索 引

Čech 完备 107
F_σ 集 129
G_δ 集 83
Hausdorff 空间 65
Lindelöf 空间 16
N (自然数集) 1
Niemytzki 半平面 29
p 空间 108
Q (有理数集) 1
R (实数集) 1
S (Sorgenfrey 直线) 29, 35
σ 局部有限集族 96
σ 离散基 122
σ 紧 107
Sorgenfrey 直线 29
Stone-Čech 紧化 101
T_0 空间 75
T_1 空间 74
T_2 空间 65
ω 5
ω_1 36
Z (整数集) 1

B

闭包 ($\overline{A}$) 20
闭集 15
闭加细 94
闭离散子空间 80
闭映射 44
边缘 (Fr(A)) 24
边缘点 24

C

超限归纳法 11
稠密集 23
传递集 5

D

单点紧化 100
单映射 2
导集 (A^d) 23
道路 58
道路的起点 58
道路的终点 58
道路连通空间 58
等价度量 119
第二纲集 71
第二可数空间 17
笛卡儿积拓扑 33
第一纲集 71
第一可数空间 19
点可数型 106
点有限开覆盖 115
点与点的距离 116
度量 116
度量空间 116

F

仿紧空间 94
非连通空间 52
分离点的 49
分离点与闭集的 49
复合映射 40

G

孤立点 18
关系 2

H

后继序数 5

J

积集 2, 9
积空间 32, 33
基 15
基数 6
极大紧化 105
极大元 6
极限点 25
极限序数 5
集合的势 6
集体正规空间 128
加细 94
紧化 100
紧化剩余 105
紧集 62
紧空间 62
局部紧空间 93
局部有限集族 22
局部有限开加细 94
聚点 23

K

开覆盖 16
开集 14
开加细 94
开邻域 18
开邻域基 17
开球 ($B(x,\varepsilon)$) 116
开映射 44
可度量化 123

可度量空间 123
可分空间 23
可分离集 81
可数集 8
可数紧空间 97
可数型 106

L

离散集族 22
离散拓扑空间 14
连通集 52
连通空间 52
连续扩张 86
连续映射 39
良序集 5
良序集的序拓扑 84
邻域 17
邻域基 18
邻域系 18
零集 83

M

满映射 2
幂集 10

N

内部 (A°) 25
内点 25

P

平凡拓扑空间 14

Q

嵌入 49
区间 4

R

融合 ($\nabla_{s\in S}f_s$) 123

索引

S

商拓扑 47
商映射 44
上界 5
上确界 (sup) 5
收敛 25
双映射 2

T

通常拓扑 14
同胚 48
同胚映射 48
投影映射 32
凸集 55
拓扑 13
拓扑等价 32
拓扑空间 13
拓扑群 111

W

外基 105
完备逆像 130
完备映射 69
完全正规空间 82
完全正则空间 89
伪度量 116
伪紧空间 111
无处稠密集 71
无限集 8

X

下界 5
下确界 (inf) 5
线性序 5
相融 123
序保持双映射 4
序关系 4
序数 5

Y

延拓 102
严格偏序集 5
一致收敛 43
遗传正规空间 81
映射 2
映射在 A 上的限制 41
有界的映射 111
有界度量 119
有界集 63, 64, 114
有限集 8
有限积拓扑 32
有限交性质 63
有限子覆盖 62

Z

正规空间 77
正则空间 74
直径 119
子基 31
子空间 30
最大元 (max) 5
最小元 (min) 5